U0212531

中国古建筑营造技术丛书

中式寺庙建筑设计

朱荣惠　编著

中国建材工业出版社

图书在版编目(CIP)数据

中式寺庙建筑设计 / 朱荣惠编著. -- 北京:中国建材工业出版社, 2019.8
(中国古建筑营造技术丛书)
ISBN 978-7-5160-2569-7

Ⅰ.①中… Ⅱ.①朱… Ⅲ.①寺庙—古建筑—建筑设计—研究—中国 Ⅳ.①TU2

中国版本图书馆 CIP 数据核字(2019)第 111845 号

内容简介

中国传统建筑经过几千年的发展和演变,已经形成了独特的建筑体系,我国的古建工作者对古建筑有系统、全面、专门的研究。随着国家进一步落实宗教政策,各地寺庙有恢复重建及新建的设计需求,笔者将四十余年来设计的三十余座寺庙建筑的经验汇编成书,供设计人员参考借鉴。

本书采用公制计量单位,通俗易懂且实用,避免了单位换算的麻烦,设计者可直接使用,即便是初学者,也能很快上手。另外,本书以典型单体建筑为例进行介绍,如遇组合式建筑,设计者可自行组合,方便实用。

本书适用于教学、岗前培训和在职人员专业技术指导等。

中式寺庙建筑设计
Zhongshi Simiao Jianzhu Sheji
朱荣惠 编著

出版发行:中国建材工业出版社
地　　址:北京市海淀区三里河路 1 号
邮　　编:100044
经　　销:全国各地新华书店
印　　刷:北京雁林吉兆印刷有限公司
开　　本:787mm×1092mm 1/16
印　　张:9.25
字　　数:200 千字
版　　次:2019 年 8 月第 1 版
印　　次:2019 年 8 月第 1 次
定　　价:60.00 元

本社网址:www.jccbs.com,微信公众号:zgjcgycbs

《中国古建筑营造技术丛书》
编委会

序　一

中国古建筑，以其悠久的历史、独特的结构体系、精湛的工艺技术、优美的造型和深厚的文化内涵，独树一帜，在世界建筑史上，写下了光辉灿烂的不朽篇章。

这一以木结构为主的结构体系适应性强，从南到北，从西到东都有适应的能力。其主要特点是：

(1) 因地制宜，取材方便，形式多样。例如屋顶瓦的材料，既有烧制的青灰瓦、琉璃瓦，又有自然的片石瓦、茅草屋顶、泥土瓦当屋顶。俗话“一把泥巴一片瓦”就是“泥瓦匠”的形象描述。又如墙体的材料，有土墙、石墙、砖墙、板壁墙、编竹夹泥墙等。这些材料在不同的地区、不同的民族、不同的建筑物上根据不同的情况分别加以使用。

(2) 施工速度快，维护起来也方便。以木结构为主的体系，古代工匠们创造了材、分、斗口等标准化的模式，制作加工方便，较之以砖石为主的欧洲建筑体系动辄数十年、上百年才能完成一座大型建筑要快得多，维修保护也便利得多。

(3) 木结构体系最大的特点就是抗震性能强。俗话说“墙倒屋不塌”，木构架本身是一种弹性结构，吸收震能强，许多木构古建筑因此历经多次强烈地震而保存下来。

这一结构体系的特色还有很多，如室内空间可根据不同的需要而变化，屋顶排水通畅等。正是由于中国古建筑的突出特色和重大价值，它不仅在我国文化遗产中占了重要位置，在世界文化遗产中也占了重要地位。在目前国务院已公布的两千多处全国重点文物保护单位中，古建筑（包括宫殿、坛庙、陵墓、寺观、石窟寺、园林、城垣、村镇、民居等）占了三分之二以上。已列入世界文化遗产名录的我国长城，故宫，承德避暑山庄及周围寺庙，曲阜三孔（孔庙、孔府、孔林），武当山古建筑群，布达拉宫，苏州古典园林，颐和园，天坛，丽江古城，平遥古城，明清皇家陵寝（明十三陵，清东陵，清西陵，明孝陵，明显陵，盛京三陵），安徽古村落（西递，宏村）等，就连列入世界自然遗产名录的四川黄龙、九寨沟也都有古建筑，古建筑占了中国文化与自然遗产的五分之四以上。由此可见，古建筑在我国历史文化和自然遗产中相当重要。

然而，由于战火硝烟和自然的侵袭破坏，许多重要的古建筑已经不复存在，因此，对现在保存下来的古建筑的保护维修和合理利用问题显得十分重要。

保护维修是古建筑保护与利用的重要手段，不维修好不仅难以保存，也不好利用。保护维修除了要遵循法律法规、理论原则之外，更重要的是实践与操作，这其中的关键又在于工艺技术实际操作的人才。

由于历史的原因，我国长期以来形成了“重文轻工”“重士轻匠”的陋习，在历史上一些身怀高超技艺的工匠技师得不到应有的待遇和尊重，因此古建筑保护维修的专门技艺人才极为缺乏。为此中国营造学社的创始人朱启钤社长就曾为之努力，收集资料编辑了《哲匠录》一书，把凡在工艺上有一技之长，传一艺、显一技、立一言者，不论其为圣为凡，不论其为王侯将相或梓匠轮舆，一视同仁，平等对待，为他们立碑树传，都尊称为“哲匠”。梁思成先生在20世纪30年代编著《清式营造则例》的时候也曾拜老工匠为师，向他们请教，力图尊重和培养实际操作的技艺人才。这在今天看来，我觉得依然十分重要。

今天正处在国家改革开放，经济社会大发展，文化建设繁荣兴旺的大好形势之下，古建筑的保护与利用得到了高度的重视，保护维修的任务十分艰巨，其中至关重要的还是专业技艺人才的缺乏或称之为断代。为了适应大好形势的需要，为保护维修、合理利用我国丰富珍贵的建筑文化遗产，传承和弘扬古建筑工艺技术，中国建材工业出版社的领导和一些专家学者、有识之士，特邀约古建筑领域的专家学者同仁，特别是从事实际操作设计施工的能工技师“哲匠”们共同编写了《中国古建筑营造技术丛书》，即将陆续出版，闻之不胜之喜。我相信此丛书的出版必将为中国古建筑的保护维修、传承弘扬和专业技术人才的培养起到积极的作用。

编者知我从小学艺，六十多年来一直从事古建筑的学习、保护维修和调查研究工作，对中国古建筑营造技术尤为尊重和热爱，特嘱我为序。于是写了短语冗言，请教方家高明，并借以作为对此丛书出版之祝贺。至于丛书中丰富的内容和古建筑营造技术经验、心得、总结等，还请读者自己去阅览、参考和评说，在此不赘述。

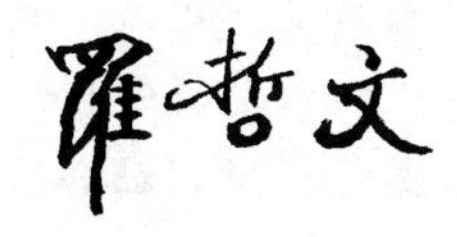

序二 古建筑与社会

梁思成作为“中国建筑历史的宗师”（李约瑟语），毕生致力于中国古代建筑的研究和保护。如果不是因为梁思成的坚决反对，现在人们恐怕很难见到距今有八百多年历史的北京北海团城，这里曾经的建筑以及发生过的故事也只能靠人们的想象而无法触摸了。

历史的记忆有多种传承方式，古建筑算得上是很直观的传承方式之一。古建筑不仅仅凝聚了先人们的设计思想、构造技术和材料使用等，还很好地传承了先人们的绘画、书法以及人文、美学等文化因素。对于古建筑的保护、修复，实则是对于人类社会历史的保护和传承。从这个角度而言，当年梁思成嘱咐他的学生罗哲文所言“文物、古建筑是全人类的财富，没有阶级性，没有国界，在变革中能把重点文物保护下来，功莫大焉”，当是对于保护古建筑之意义所做出的一个具有历史责任感的客观判断。正是因为这一点，第二次世界大战时期，盟军在轰炸日本之前，还特意将日本的重要文物古迹予以标注以免炸毁。

除了关注当下的经济社会，人们对于自己祖先的历史和未来未知的前景总是具有浓厚的兴致，了解古建筑、触摸古建筑，是人们感知过去社会和历史的有效方式，而古建筑的营造与修复正是为了更好地传承人类历史和社会文化。对于社会延续和文化传承而言，任何等级的古建筑的作用和意义都是正向的，不分大小，没有轻重之别，因为它们对于繁荣人类文明、滋润社会道德等，具有普遍意义和作用。

罗哲文先生在为本社《中国古建筑营造技术丛书》撰写的序言中引用了“哲匠”一词，这个词实际上是对从事古建筑保护修复工作的专业技艺人才的恰当称谓。没有一代又一代技艺高超“哲匠”们的保护修复，后人就不可能看到流传千年的文物古迹。古建筑的营造与保护修复工作还是一项要求非常高的综合性工作，“哲匠”们不仅要懂得古建筑设计、构造、建造等，还要熟知各种修复材料，具备相关的物理、化学知识，了解书法、绘画等审美意识，掌握一定的现代技术手段，甚至于人文、地理、历史知识等也是需要具备的。古建筑的保护修复工作要求很高，周而复始，“哲匠”们要做好这项工作不仅要有漫长的适应过程，更得心怀一颗“平常心”，要经受得住外界的诱惑，耐得住性子，忍受寂寞。仅仅是因为这些，就应该为“哲匠”们树碑立传，更应该大力倡导工匠精神。

古建筑贯通古今，通过古建筑的营造与保护修复工作，后人们可以更直接地与百年、千年之前的社会进行对话。社会历史通过古建筑得以部分再现，人类文化通过古建筑得以传承光大。人具有阶层性，社会具有唯一性，古建筑则是不因人的高低贵贱而具有共同的鉴赏性，因而是社会的、大众的。作为出版人，我们愿意以奉献更多、更好古建筑出版物的形式，为社会与文化的传承做出贡献。

中国建材工业出版社社长

序　　三

近年来，“古建筑保护”不时触碰公众的神经，受到了越来越广泛的社会关注。为推进城镇化进程中的古建筑保护与传承，国家给予了高度重视，如建立政府与社会组织之间的沟通、协调和合作机制，支持基层引进、培养人才，提供税收优惠政策支持，加大财政资金扶持力度等。尽管如此，古建行业仍存在人才匮乏、工艺失传、从业人员水平良莠不齐、古建工程质量难以保证等一系列困局，资质队伍相对匮乏与古建筑保护任务繁重的矛盾非常突出。在社会各界大力呼吁将“传承人”制度化、规范化的背景下，培养一批具备专业技能的建筑工匠，造就一批传承传统营造技艺的“大师”，已成为古建行业发展的客观需求与必然趋势。

我过去的工作单位是原北京房地产职工大学（现北京交通运输职业学院）。该校早在1985年就创办了中国古建筑工程专业，培养了成百上千名古建筑专业人才。现在，这些学员分布在全国各地，成为各地古建筑研究、设计、施工、管理单位的骨干力量。我在担任学校建筑系主任期间，一直负责这个专业的教学管理和教学组织工作。根据行业需要，出版社几年前曾组织编写了《中国古建筑营造技术丛书》中的几本书，获得了良好的口碑和市场反馈。当年计划出版的这套丛书，由于种种原因，迟迟未全部面世。随着古建传承时代大背景的需要，中国建材工业出版社佟令玫副总编辑多次约我组织专业人才，进一步完善丰富《中国古建筑营造技术丛书》。为了弥补当年的遗憾，这次我组织参与我校教学工作的各位专家充实了编写委员会，共同商议丛书的编写重点和体例规范，集中将各位专家在各门课程上多年积累的很有分量的讲稿进行整理出版。我想不久的将来，一套比较完整的《中国古建筑营造技术丛书》，将公诸于世。

值此丛书陆续出版之际，我代表丛书编委会，感谢所有成员和参与过丛书出版工作的所有人所付出的努力，感谢所有关注、关心古建筑营造技术传承的领导、同仁和朋友！古建筑保护与修复的任务是艰巨的，传统营造技艺传承的路途是漫长的，希望本套丛书的出版能为中国古建筑的保护修复、传承弘扬和专业技术人才培养起到积极的作用。

刘全义

2017年6月

序　　四

近年来，随着国家宗教政策的进一步落实和保护历史遗存的要求，中式寺庙建筑设计有较多需求。

天邑集团也曾经对一些寺庙、道观进行过捐赠性修建。在这一过程中就遇到过设计问题，由于古建设计人员太少，正规院校几乎没有寺庙建筑设计专业。建筑设计人员对寺庙建筑、宗教文化方面知识了解较少，而需方（寺庙）对建筑方面的要求又不甚了解，导致工程设计总有不尽如人意之处。本书的出版在建筑设计方和需方（寺庙）之间搭起了一座桥梁。使得今后在寺庙建筑设计时，有章可循，有据可查，给设计工作带来了方便。

该书从建筑设计的角度出发，对寺庙建筑的设计进行了较为详尽的介绍，同时又介绍了佛教和道教的一些基本知识，设计人员在做寺庙建筑设计时，了解其相应的功能要求后，便能做好设计。

书中有一个新的提法，把寺庙设计分为两大部分——中式寺庙建筑和现代寺庙建筑，并分别用实例进行了介绍，尤其是现代的寺庙建筑设计，完全颠覆了人们对寺庙建筑设计的传统观念，原来寺庙可以这样设计！

我和朱荣惠老师相识于20世纪70年代初期，当时我也从事施工和设计工作，多有交集。朱老师从事建筑设计工作几十年，对寺庙建筑设计颇有研究，退休后将其多年设计寺庙的经验总结出来，供广大设计人员参考，是一件大好事。我相信，这本书应该是目前寺庙设计较为全面的参考资料。

四川天邑集团总裁

李跃亨

2019年4月

前　言

中国传统建筑经过几千年的发展和演变，已形成了独特的建筑体系，有完整的营造技术。今天，我国的古建工作者对古建筑有了更为系统、全面、专门的研究。

这些年国家进一步落实宗教政策，各地有新的寺庙恢复重建及新建的情况，为满足这方面的设计需要，笔者根据四十多年来设计的三十余座寺庙建筑的经验，编著了本书，供有关设计人员参考。不足之处望同行多提宝贵意见。

时代在发展，新材料、新技术、新工艺出现后，中式建筑应该有新的内涵和改进。

以往，不少介绍中式建筑设计的著作，在计量方面多采用《营造法式》《工程做法则例》《营造法原》的计量尺度，使用“营造尺”“材份等级”“斗口”等作为计量单位，不便使用。本书采用公制计量单位，通俗易懂且实用，避免了单位换算的麻烦，设计者可直接使用，即使是初学者也能很快上手。

本书以典型单体建筑为例进行介绍，如遇组合式建筑，设计者可自行组合。

本书以结构上采用混凝土框架结构的建筑为例进行介绍，对木作部分没有讲述，如有采用木结构的建筑，设计应按木结构设计。

本书对新建寺庙建筑进行了分类，即中式寺庙建筑和现代寺庙建筑。这种分类方式是一种新的立论。本书分别对这些新建的寺庙建筑设计进行了介绍。

本书在编著过程中，承蒙成都文殊院监院能干法师和道教发源地大邑鹤鸣山道观住持杨明江道长审阅，同时牟先攀同志和王川同志承担了图纸绘制、资料复核工作，在此一一表示感谢！

编者

2019 年 5 月

作者简介

朱荣惠，男，1945 年出生于江苏省南京市，20 世纪 60 年代毕业于南京财经大学，长期从事建筑设计工作，曾设计三十余座中式寺庙建筑和中式建筑，包括成都八益家具城城楼设计，四川郫都中兴寺整体恢复重建设计，峨眉山金顶接引殿内檐装饰设计，四川遂宁大兴宁寺整体新建设计等，曾任四川十大古镇之一的安仁古镇打造技术顾问等。

目　录

第1章　寺庙建筑概况

寺庙建筑是我国古建筑艺术瑰宝中一颗璀璨的明珠，是我国悠久文化历史的象征，是世界历史文化遗产的宝贵财富。截至2018年7月，中国列入世界文化遗产的项目共53项，其中宗教类占17项，共40处，见表1.1。这说明寺庙建筑在中国历史文化中占有重要地位。

表1.1　中国世界文化遗产名录（宗教部分）

项目	名称	其中：宗教建筑	处	宗教性质	列入时间	备注
1	泰山	岱庙	1	道	1987.12	
		灵岩寺	1	佛		
2	莫高窟	壁画	1	佛	1987.12	
3	曲阜	孔庙	1	儒	1994.12	
4	承德避暑山庄	外八庙等	11	佛道	1994.12	
5	武当山	道观	1	道	1994.12	
6	布达拉宫	布达拉宫	1	藏传	1997.12	
		大昭寺	1	藏传		
7	峨眉山	寺庙	1	佛	1996.12	
		大佛寺	1	佛		
8	平遥古城	镇国寺	1	佛	1997.12	
		双林寺	1	佛		
9	大足石刻	硫造像	1	佛	1999.12	
10	都江堰	青城山	1	道	2000.11	
11	云岗石窟	石刻造像	1	佛	2000.11	
12	龙门石窟	石刻造像	1	佛	2000.11	
13	五台山	寺庙	1	佛	2008.7	实存寺庙47处
14	三清山	道观	1	道	2008.17	
15	天地之中	少林寺	1	佛	2010.8	
		中岳庙	1	佛		
		嵩岳寺塔	1	佛		
		会善寺	1	佛		
16	丝绸之路	大雁塔	1	佛	2014.6	
		小雁塔	1	佛		
		大佛寺石窟	1	佛		
		兴教寺塔	1	佛		
		麦积山石窟	1	佛		
		炳灵寺石窟	1	佛		
		苏巴什寺	1	道		
17	梵净山	道观	1	道	2018.7	

寺庙：寺和庙的通称。寺庙是人的宗教信仰皈依之地，是信众得妙法真如之地，是历史文化汇聚之地。

这里所指的“寺庙建筑”主要指佛教和道教的寺庙建筑，不涉及其他宗教的建筑。

1.1 佛教建筑概况

佛教建筑是中国古代建筑的重要组成部分，佛教从公元1世纪前后由古印度传入我国，至今已有两千年的历史。中国的佛教在传播的过程中逐步形成了三大系统：北传佛教、南传佛教、藏传佛教。本书所讲的佛教建筑主要说的是北传佛教建筑。

佛教早期的建筑主要以塔的形式出现。塔，最初的功能作用等同于坟墓，是存放佛陀舍利、高僧灵骨的一种建筑形式，后来结合中国的楼阁多层建筑形式，演变出了形式多样、风格各异的建筑。随着佛教在中国的发展，寺庙建筑由单体逐渐形成建筑群。中国最早的寺庙是建于汉明帝永平年间（57—75年）的白马寺。

寺，原为中国古代朝廷设置的机构名称，汉代接待安置外宾的官署名鸿胪寺。汉明帝派遣郎中蔡愔等十八人前往西域求取佛法，永平十年（67年），蔡愔从大月氏请回高僧迦叶摩腾、竺法兰，并以外交使节的礼仪将二僧安置于鸿胪寺中。永平十一年，汉明帝下令于洛阳城外另建道场安置二位高僧，建成之后沿袭鸿胪寺的“寺”名，又因感念白马驮经之功，将中国佛教的第一座道场命名为白马寺。

南北朝北魏时期佛教盛行，境内有佛寺三万余所。明清时期，造寺之风大盛，我国现存寺庙中明清建筑居多，到中华人民共和国成立初期，汉地佛寺仍有四万余座。

1.2 道教建筑概况

道教是我国本土宗教，含有我国古代社会的宗教意识和民族文化，其思想渊源是殷商时期的鬼神崇拜，以及战国时期的神仙信仰和东汉时期的黄老道。道教所崇奉的天神、地祈、仙人是由历代相传而来的。

从道教的教理上看，道教讲究“天人合一”“天人感应”。道教主张规戒科禁和宗教道德，道教的仪法基本是本于儒教的礼法仪式，有民族宗教意识和文化的特质。

自东汉顺帝年间（126—144年）张道陵天师创立的五斗米道（标志道教的形成）至今，道教已有一千八百多年历史。魏晋南北朝时期，道教逐渐走向成熟，开始大规模兴建道观。唐朝李氏称帝，李氏尊老子（李耳）为远祖，道教受到推崇，道教宫观更是遍布天下。唐开元末年，道观总数达1687所，数量上仅次于佛寺。宋代统治者也尊崇道教，宫观得以大量建设，发展成“十大洞天，三十六小洞天，七十二福地”。元朝著名道士王重阳创立全真派，道教势力得以壮大，宫观建设又得以发展。明清时期道教逐渐衰落，到中华人民共和国成立初期，道教宫观仍有一万余处。

道教建筑创建初期，其修炼之地就有“茅室”“幽室”“精舍”“靖舍”“静室”“靖”的称谓。后为供奉神仙造像开始有了“馆”“观”。到唐宋时期发展成“宫”“观”，具有一定规模的建筑群。“宫观”也就变成道教专有的道场名称。

第 2 章　中式寺庙建筑和现代寺庙建筑

中式建筑经过几千年的发展演变，逐步形成了完整、独特的风格和体系。由于建筑类型、地理环境、气候特点、风俗习惯、民族特点及宗教信仰的不同，中式建筑形成了多样性。受传统文化、封建的等级制度和经济发展水平的影响，建筑的文化理论、整体布局、形式风格、细部处理、建筑材料的变化，技术和做法的进步，中式建筑一直是在变化和进步的。

随着时代的变迁，中式建筑也在不断演变。一直以来，人们对古建筑有一个概念性的划分。例如商周、秦汉、唐宋、明清等，是根据那个时代的建筑特征来区分的；现代的寺庙建筑，经过广大设计人员的努力，已经有了很大的创新和发展。

现在寺庙建筑的形式主要有：中式寺庙建筑和现代寺庙建筑。

2.1　中式寺庙建筑

中式寺庙建筑的外观造形设计继承了传统建筑的式样，有大屋顶、斗拱（吊瓜、斜撑），门、窗、挂落、雀替、彩绘、天花、藻井、须弥座等，其装修基本遵从传统式样，结构体系完全采用混凝土框架结构。

中式寺庙的总体布局也具有中式建筑的特色。采用中轴线的对称布局，规模较大时还可以采用 2 ~ 3 条轴线布局，形成对称或不对称布局。大型的寺庙建筑群还布置出一些园林景观供休闲、观赏、游览。小桥流水、曲径通幽，做到“径欲曲，阶欲平，墙欲低，亭欲朴，石欲怪，室欲幽，桥欲危，渠欲细，泉欲瀑”，整个布局更人性化，贴近自然，赏心悦目。

中式寺庙建筑的近况：进入 21 世纪，中式寺庙建筑有较大规模的恢复建设，较著名的有峨眉山华藏寺、接引殿、大佛禅院、大邑鹤鸣山道源圣城，南京牛首山佛顶寺等。

这些中式寺庙建筑的共同特点：外观形式上保留传统寺庙建筑的式样，内部沿袭传统寺庙的规制布置佛像、神像，进行内檐装修；结构上全部采用现代结构——框架结构。

下面简要介绍一些新建的中式寺庙建筑。

1. 大佛禅院（佛教寺庙）

大佛禅院号称亚洲十大丛林之首，位于四川峨眉山市，是佛教普贤菩萨的道场。该寺院占地 400 余亩（1 亩 = 666.67m^2），于 1996 年 4 月 6 日奠基，2008 年 12 月 4 日开光，计划投资 6 亿元，建筑面积为 30 万 m^2。已完成投资 3 亿元，建成建筑面积 5.8 万 m^2。

该寺院采用传统的中轴线布局，由西向东，中轴线长 999m，依次布置有照壁、广场、山门、弥勒殿、文殊殿、观音殿、普贤殿、大雄宝殿、藏经楼。中轴线两侧布置有药师殿和地藏殿。该禅院有三大功能区，分别为朝拜区、公共园林区、文化教育区。建有十座大殿、十一个天井。屋顶形式：大雄宝殿为庑殿，其余殿堂为单檐歇山和重檐歇山，个别建筑为攒尖顶。建筑风格为明清建筑。由于是南方建筑，檐口飞椽没有外露，采用封檐板，主要建筑檐口没有使用斗拱，采用撑弓加吊瓜，具有川西传统建筑风格。内檐装修尊从传统规制。结构采用混凝土框架结构。

2. 道源圣城（道教寺庙）

道源圣城建于大邑鹤鸣山道教发源地，是“道国仙都”“道教祖庭”。其山势雄伟、双涧环抱，因形似立鹤而得名，又因其山环水抱、冲阴和阳，是堪舆学大吉意象。圣城于2006年1月18日动工，2008年建成。总投资12亿元，第一期投资1.5亿元分三期建成。总平面以中轴线坐西向东布置有照壁、广场、山门、玉琮广场、迎仙道、灵祖殿、文昌殿、三官殿、祖天师殿、老君殿。总平面设有生活服务区，可提供素斋、茶水、小吃和住宿服务。道源圣城为全国唯一的汉式道观建筑，屋顶式样以四阿（庑殿）为主，有单檐、重檐、三檐，附房采用不厦两头造（悬山）。由于是汉式建筑，其屋顶檐口平直无起翘；屋顶坡面平直无曲面。屋脊及翼角也体现了汉代建筑风格。殿堂内部神像的布置承袭传统构制。结构采用混凝土框架结构。

3. 佛顶寺（佛教寺庙）

佛顶寺是南京市最大的寺庙，位于江宁牛首山，是释迦牟尼佛顶舍利护持僧团的弘法道场。

一期工程2012年开工，2015年竣工，二期工程2018年5月竣工。寺庙占地68亩，建筑面积近3万m^2。该寺分南北两个片区：北区（一期）是礼佛、弘法区，南区（二期）是生活禅修区，有方丈室、禅室、会见室、档案库。

该建筑群沿袭禅宗的伽蓝七堂制，中轴线对称布置有殿堂七座。由北往南为山门、天王殿、伽蓝殿、祖师殿、大雄宝殿、观音殿、药师殿、法堂。天王殿两侧布置有钟、鼓楼。整个建筑是唐代风格，大气雅致，清净庄严，主要殿堂屋顶形式为单檐歇山和重檐歇山，山门和附属用房为悬山，殿堂正脊两端为琉金鸱吻，显得庄重华丽。结构采用混凝土框架结构。

附属建筑区域布置有园林、假山，采用旱水景（枯山水）手法，是典型的禅宗庭院处理手法，反映禅宗修行所追求的苦行和自律精神。

受传统思想的影响和原样恢复重建的需要，目前，中式寺庙建设还有需求，这就是编著本书的初衷。

2.2 现代寺庙建筑

进入21世纪，现代寺庙建筑有了较大发展，比较著名的现代寺庙建筑有陕西扶风法门寺（2009年）、江苏无锡梵宫（2008年）、南京牛首山佛顶宫（2015年）、南京大报恩寺（2015年）、江苏睢宁水月禅寺（2014年）、中国台湾南投中台禅寺（2001年）、台湾台北县农禅寺（2012年）。

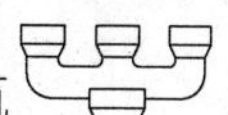

这些现代寺庙的建成，完全打破了传统寺庙建筑在人们思想中的概念，共同的特点是没有了“大屋顶”，外观上给人的感觉是一座现代建筑，进入寺庙内马上会被强烈的宗教氛围所感染。整个建筑庄严肃目，简约而又精美绝伦。

现代寺庙建筑在总平面上打破了传统的平面展开布局，梵宫和中台禅寺是在地面之上垂直布置殿堂，而佛顶宫是地面三层、地下六层的垂直布置，这些布局虽是垂直的，却保留了传统的中轴线。

从形式上看，现代寺庙建筑的外观虽是现代风格，而内饰上更强调精神的作用，每一殿堂佛像并不多，但主题突出。佛教大师星云法师感叹：“我看梵宫是伟大、伟大、真伟大。闻所未闻，见所未见。”这体现了佛教艺术的神圣和中华传统文化的内涵。

这些寺庙建筑有 10 余万 m^2 的，也有 $7000m^2$ 的，但都满足了功能的需要。

水月禅寺总体布局的现代风格创意与湿地公园的生态环境相辅相成，整个区域充满了“生态之舒适、简约之唯美、禅意之启发、水月之清凉”。该寺是我国唯一入选 2015 年全球九大最美宗教建筑。

该寺在结构上采用多种现代技术，有混凝土框架、剪力墙、钢结构、网架结构等。

水月禅寺外墙采用金属格栅来体现天地方正和佛家的虚无。农禅寺采用外墙清水混凝土，将佛经镂空雕刻在外墙上，随着阳光的照射产生光影效果，使人们产生心灵的共鸣。

这些现代寺庙建筑，建成后社会效果是好的，说明现代建筑技术是完全可以应用到寺庙建筑上的。

第3章　寺庙建筑的总平面布置

3.1　佛教建筑的总平面布置

佛教建筑一般都选择在风景秀丽的名山大川旁，主要是这些地方人烟稀少，远离凡尘，便于修行，当然为了方便信众，在都市乡镇也有存在。古代，在京城甚至皇宫也有修建，一方面是为了统治者和达官贵人的礼佛需要，另一方面是为了满足重大祭祀活动的需要。清朝统治者利用宗教统治百姓，甚至在河北承德修建了著名的“外八庙”，目的就是利用宗教更好地统治国家。当今寺庙的修建主要是恢复一些佛教遗址。另外，为了保护重要的佛教文物，也有新建的，如南京牛首山的“佛顶宫”就是为保存释迦牟尼顶骨舍利而建的，再如陕西扶风“法门寺”的重建是为了保护释迦牟尼指骨舍利等重要文物，该寺是先有舍利塔后因塔而建寺。

不论在印度还是在中国，佛教寺庙的建筑都比较注重使用功能的需要。从释迦佛创立佛教、建立僧团以来，僧人的主要生活方式是群居的团体生活。据佛教典籍记载，古印度第一座寺庙的规模，有十六大院，每个大院有六十间房屋，有七十二讲堂。所以寺庙建筑一开始就是以建筑群的形式出现的。

在佛教的建筑群中，释迦佛在的时候，是没有主殿的，释迦佛涅槃之后有舍利出现，所以就建塔以供奉佛舍利，舍利塔就成为建筑群的中心，再后来就演变成以供奉释迦佛佛像的大雄宝殿为中心。

寺庙总平面布置经历了一个发展过程。起初，受从印度传入佛教的影响，以佛塔为中心，四周围建以廊屋，称“廊院式”布局。至南北朝时期发展以殿为中心或以殿、塔为中心的“殿塔式”布局。隋唐时期寺庙规模更为宏大，不少寺庙由若干院落组成，每个院落以其供奉的主佛不同而加以命名，如“观音院”“弥陀院”“净土院”“塔院”等。唐代长安慈恩寺多达十几个院落，院落多了，就出现了新的矛盾，造成主题的不突出。同时所占土地面积过大，遇到复杂地形则难以布局，宋代以后逐渐被“纵轴式”布局所替代。

佛教寺庙的标准布局叫“伽蓝七堂制”，其包含佛塔、大殿、经堂、钟鼓楼、藏经阁、僧房、斋堂七种建筑，形成前殿后阁的形式。遵循的基本原则是“前低后高，轴线对称”。

纵轴式布局一般都是坐南向北，它的基本规划是在中轴线上由南往北布置，通常的布局：山门、山门的右侧为鼓楼，左侧是钟楼，依次为天王殿、大雄宝殿、法堂、藏经阁。在每个殿堂的两侧设配殿。在东西两侧还可布置一些院落，如僧寮、香积厨、斋堂、客堂等，这种布置可引导信众有序地进行朝拜，依次礼佛。

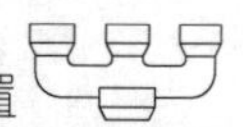

上述平面只适用于规划较大的寺庙。在城市、乡镇，由于用地局限和侧重于供奉主佛，建筑有所减少，如只有“观音殿”“药王殿”“普贤殿”等。有的寺庙还布置有专门的“罗汉堂”，供奉五百罗汉。

山门一般有三个门，象征“三解脱”，即“空门”“无相门”“无作门”。山门内塑有水火金刚，将水火金刚同塑于山门殿内，昭示佛教的包容精神。民间根据其形态，称为“哼哈二将”，这种称谓重形态轻精神，偏离了佛教的特质。由山门往北第一重殿是天王殿，殿内是大肚弥勒菩萨塑像，其背后是护法神韦驮菩萨塑像，东西两侧供四大天王，天王殿往北为正殿“大雄宝殿”，供奉释迦牟尼佛像，也有供奉“三身佛”，其中间为法身佛，名毗卢遮那佛；左边为报身佛，名卢舍那佛；右边为应身佛，即释迦牟尼佛。另有供“三世佛”的：中间一尊为娑婆世界释迦牟尼佛；左尊为东方净琉璃世界药师琉璃光佛；右尊为西方极乐世界阿弥陀佛。也有“三世佛”：中间为释迦牟尼佛；左侧为过去佛迦叶佛；右侧为未来佛弥勒佛。释迦佛的两大弟子为“迦叶”和少“阿难”。殿内东西两侧塑有十八罗汉。大雄宝殿往后多为法堂，是寺庙中宣讲佛法的场所。藏经阁（藏经楼）位于中轴线。最后是寺庙藏经的地方，多为两层，一般不对外开放。上述布局及佛像供奉的形式是常见的形式，有些寺庙也有变化。较典型的寺庙总平图见图 3. 1 ~ 图 3. 5。

3. 2　道教建筑的总平面布置

道家自修炼之初，就选择远离人烟的深山幽谷作为静修之所，当时只有茅舍或山洞。东汉末年天师道就有了“治”“靖”等修炼之地。

西周函谷关关令君喜在终南山结草为楼，以“观星注气”，名为“草楼观”，并在此请老子为他讲授《道德经》，其草楼就是最早的“观”。汉武帝时在长安建蜚廉观，在甘泉宫建益寿观。“观”就成了道教修炼的场所。随着道观规模的扩大，观就称为“宫”，唐玄宗曾建“太清宫”以祀老子。较小的观又称道院。道教建筑除宫、观、道院之外，东岳庙、城隍庙、土地庙等亦属道教建筑。

道教宫观选址十分重视“天人合一”的思想，把道观视为天上神仙降临凡间的住所。讲究清静自然、返璞归真。所以不少有名的道观都选择在名山大川边，体现“人法地、地法天、天法道、道法自然”的思想。

道观的总平面讲究阴阳、八卦，总平面上有一条乾南坤北（子午线）的中轴线，规模较大的宫观有三条平行的主轴线。中路轴线上由南往北为观前影壁、山门、幡杆、钟楼（东侧）、鼓楼（西侧）、灵官殿（有的背后有戏台）、玉皇殿、四御殿、三清殿、祖师殿。这些主要殿堂均应设在中路轴线上，两侧轴线按东为阳、西为阴、坎离对称的原则布置配殿。东轴线上可布置三官殿、火神殿，西轴线上可布置元君殿、八仙殿。这种布局体现了中国传统“尊者居中”，长幼尊卑有序的等级制度。

附属建筑：东轴线，东方属木，是阳气初生的方位，布置道众的生活用房；西轴线，西方属金，布置云游道众和香客居士的临时客房，还可布置园林、假山。

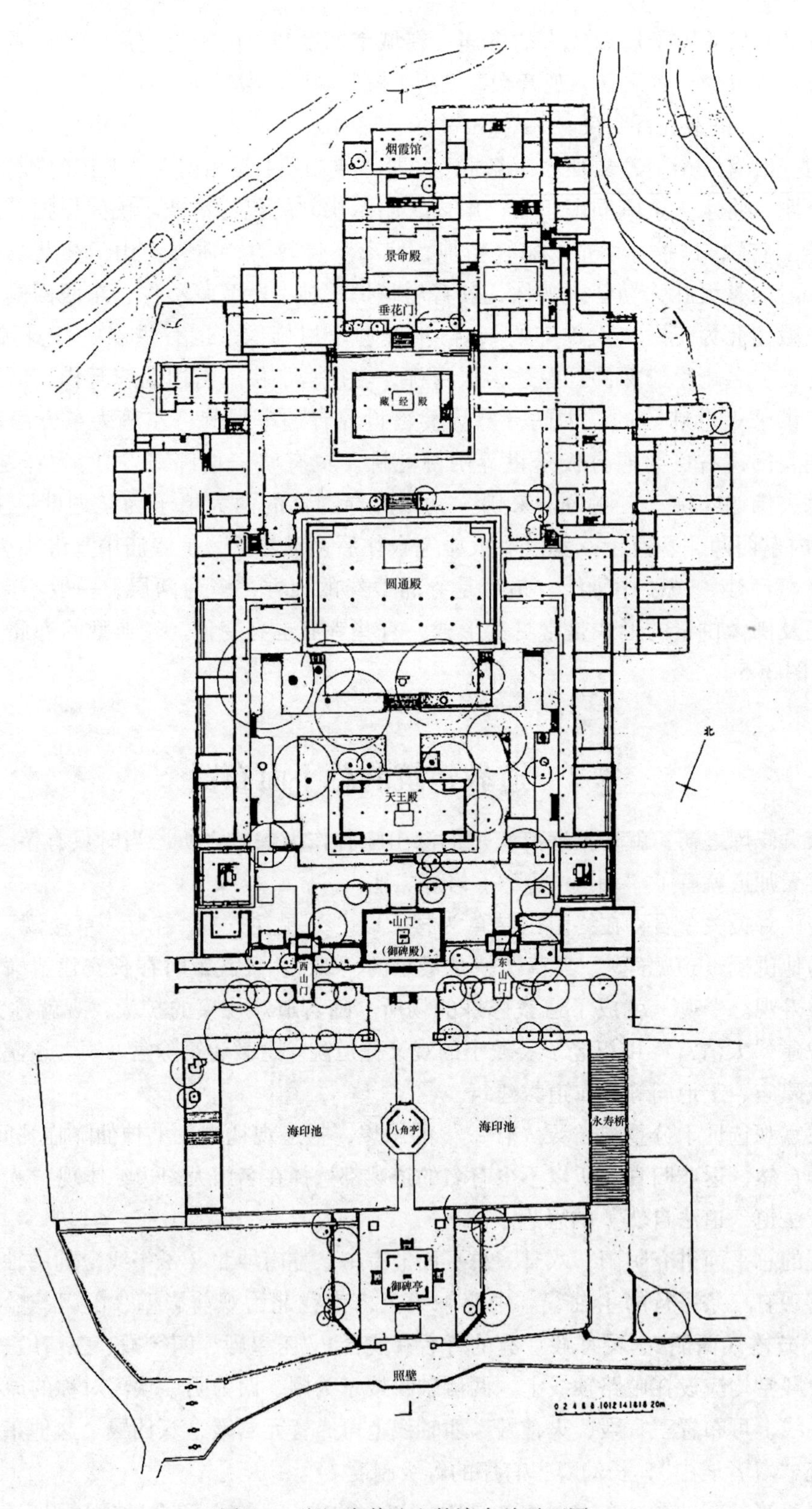

图 3.1　浙江省普陀山慧济寺总平面图

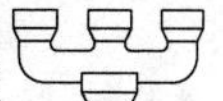

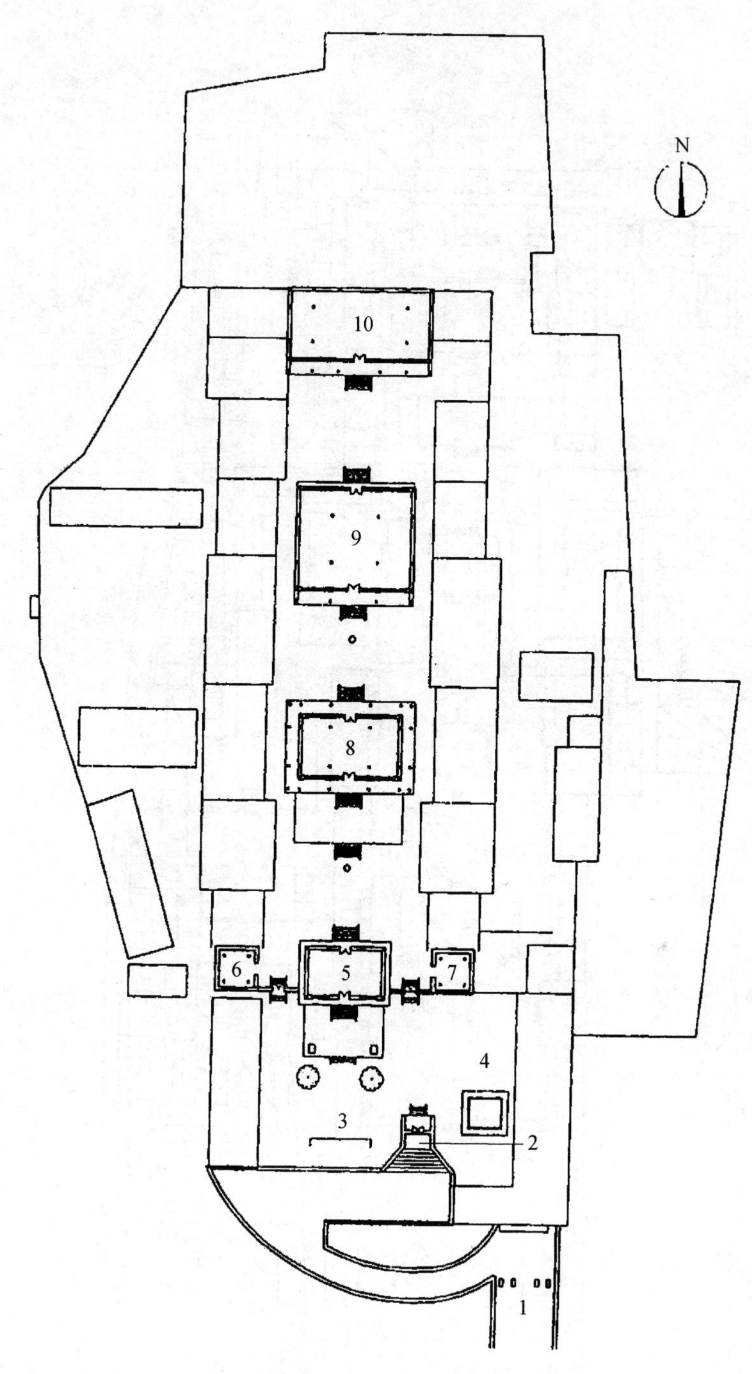

图 3.2　山西省五台山金阁寺平面示意图

1—牌楼；2—山门；3—影壁；4—文殊塔；5—天王殿；6—鼓楼；7—钟楼；8—大雄宝殿；9—文殊殿；10—后殿

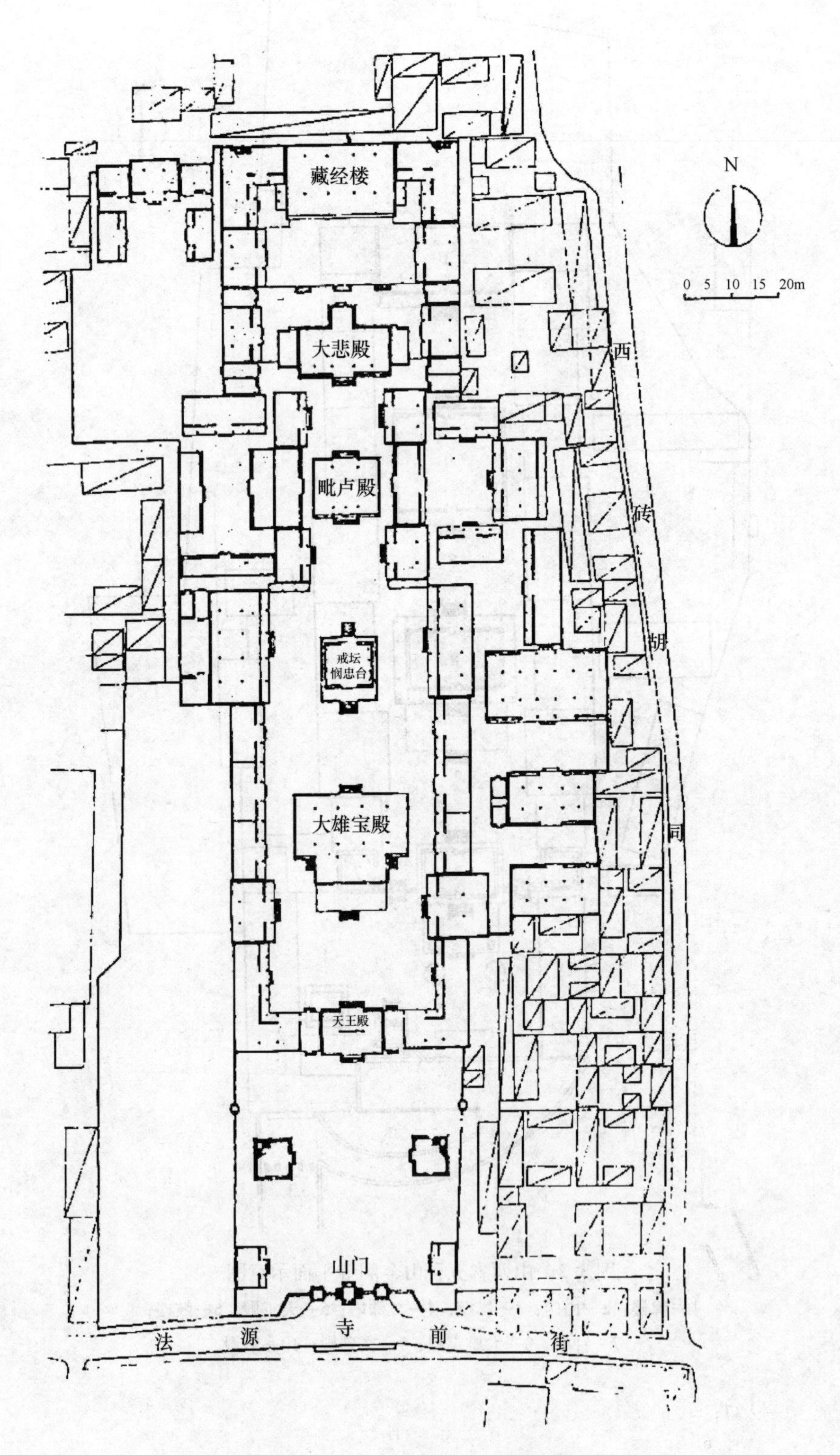

图 3.3　北京市法源寺总平面图

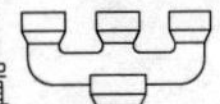

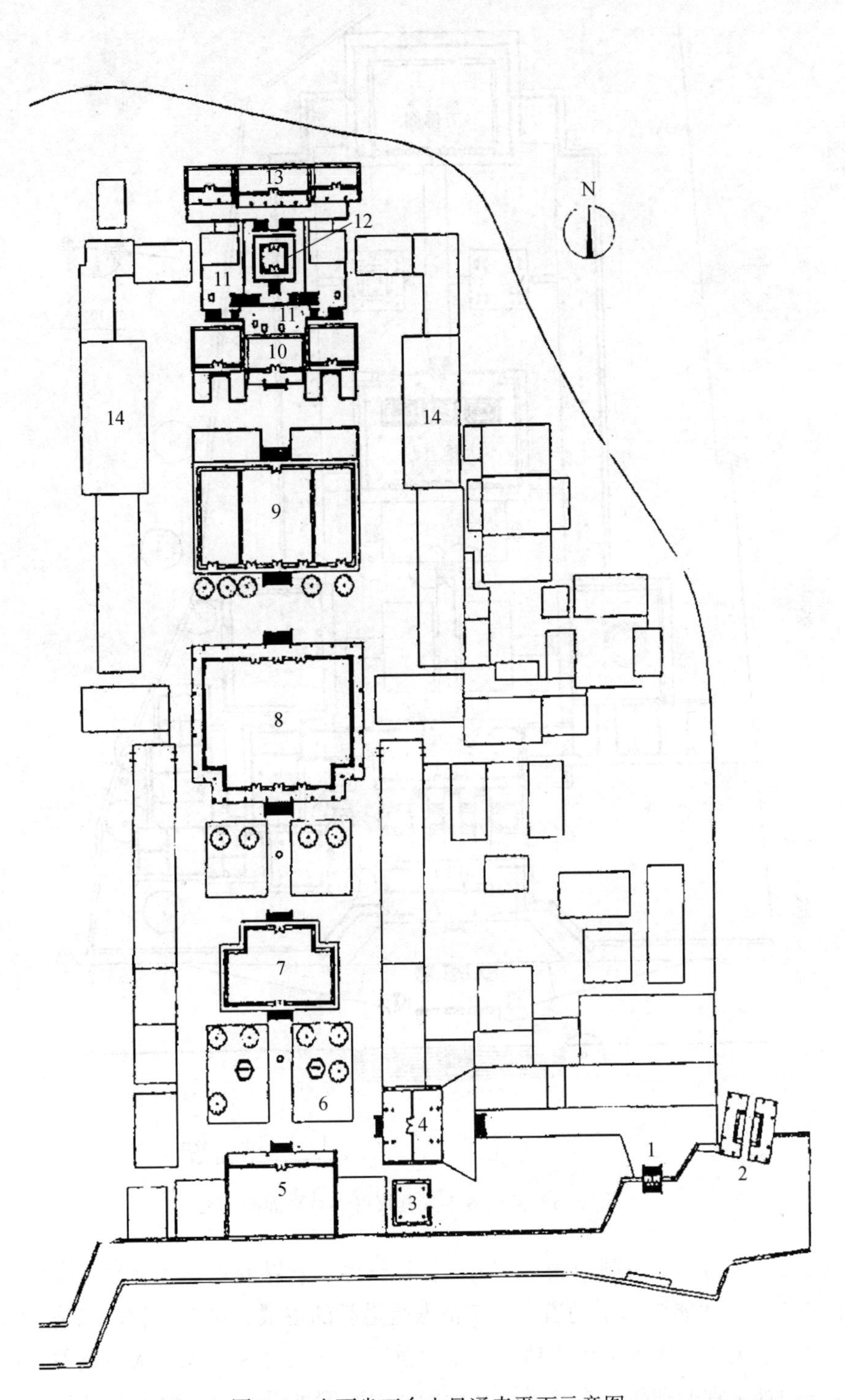

图 3.4　山西省五台山显通寺平面示意图

1—入口；2—钟楼；3—鼓楼；4—山门；5—观音殿；6—碑亭；7—文殊殿；8—大雄宝殿；9—无量殿；10—千钵殿；11—铜塔；12—铜殿；13—藏经殿；14—僧舍

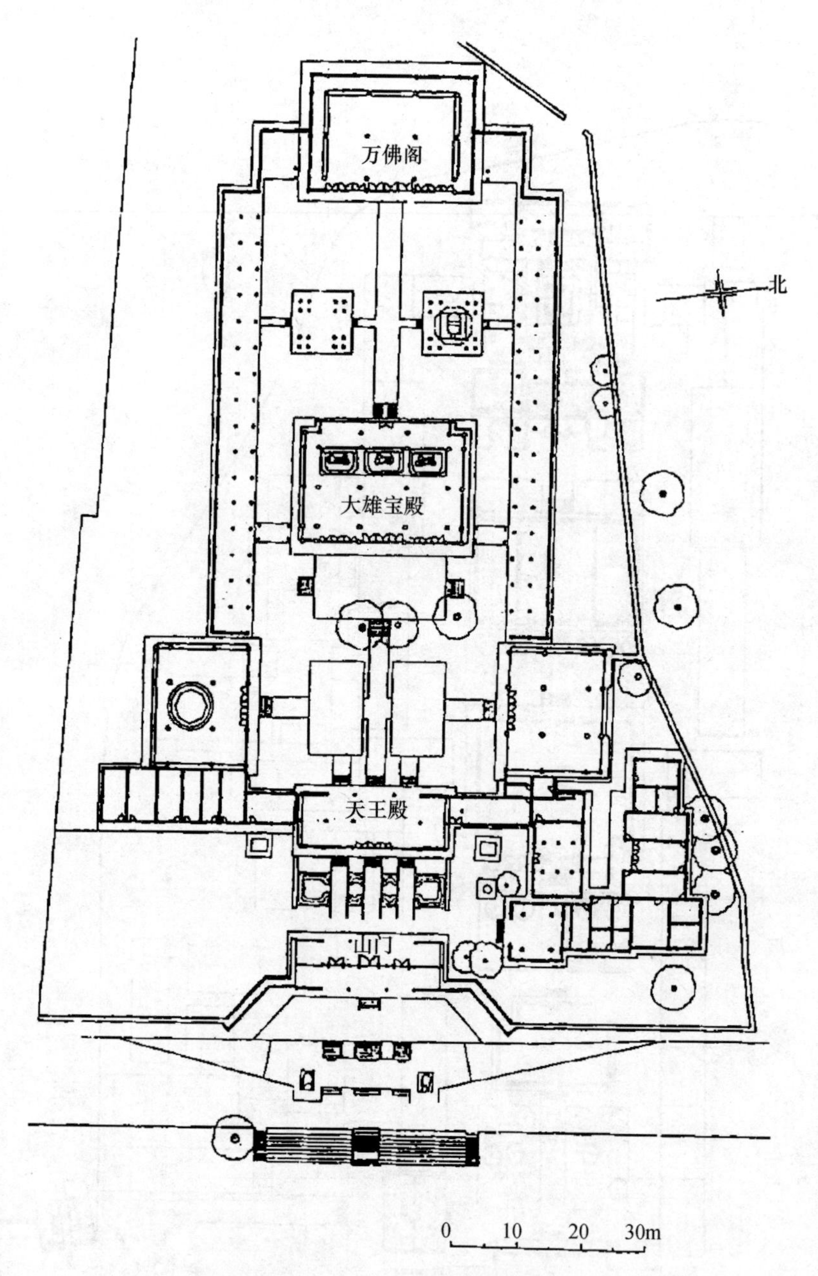

图 3.5　四川省平武县报恩寺总平面图

道教的山门多为三个门洞，表示入山门，过三界。三界分别是无极界、太极界、现世界。过了“三界”才能为真正的道士。三清殿是道教的主殿，供奉道教的三清：玉清元始天尊、上清灵宝天尊、太清道德天尊。玉皇殿供奉“诸天之主”玉皇大帝塑像。灵官殿供奉道教的守护神灵官的塑像。有些道观在山门或灵官殿处设戏台，台下是过道。

道观的东西两轴多采用四合院的建筑格局，能对应金、木、水、火四正，加上中央的黄土，五行俱全，利于藏风聚气。

不少道观建于山川，依山就势，但也有明确的中轴线，灵活多变、道法自然。

较典型道观总平面图见图 3.6 ~ 图 3.11。

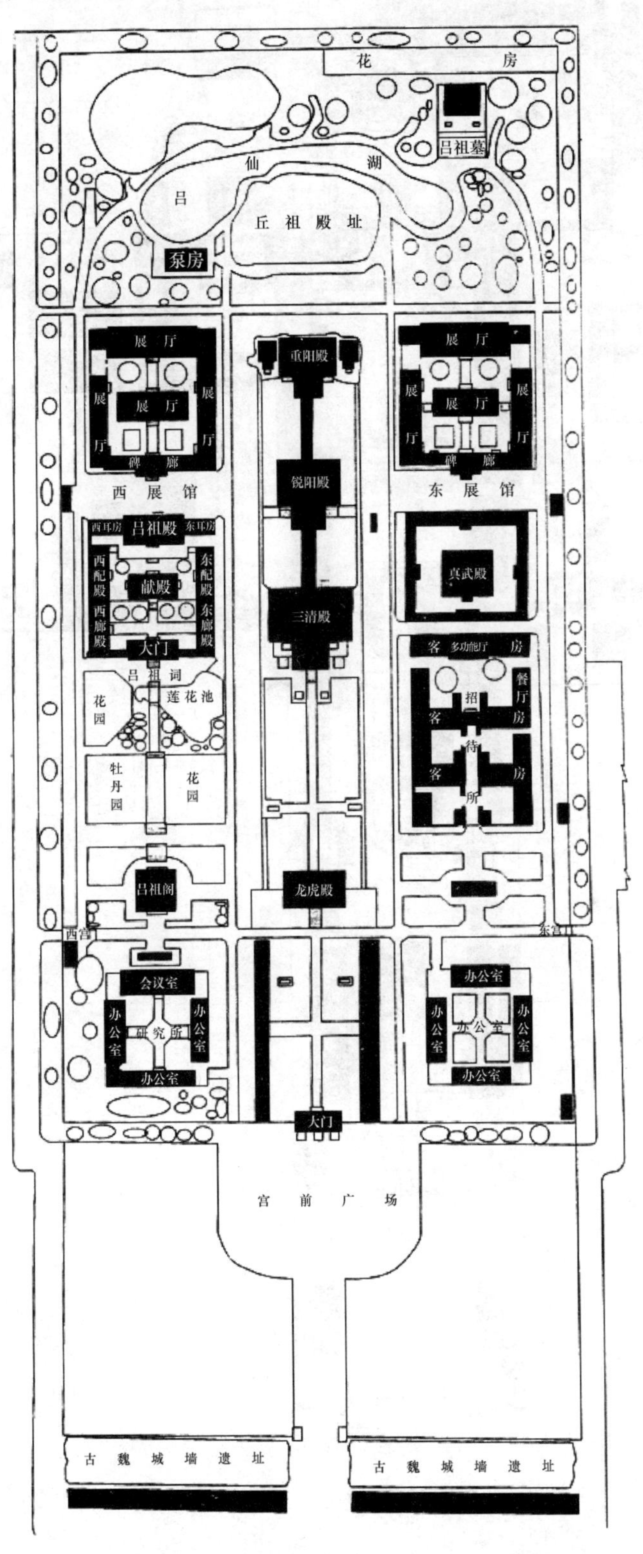

图 3.6　山西芮城永乐宫平面图

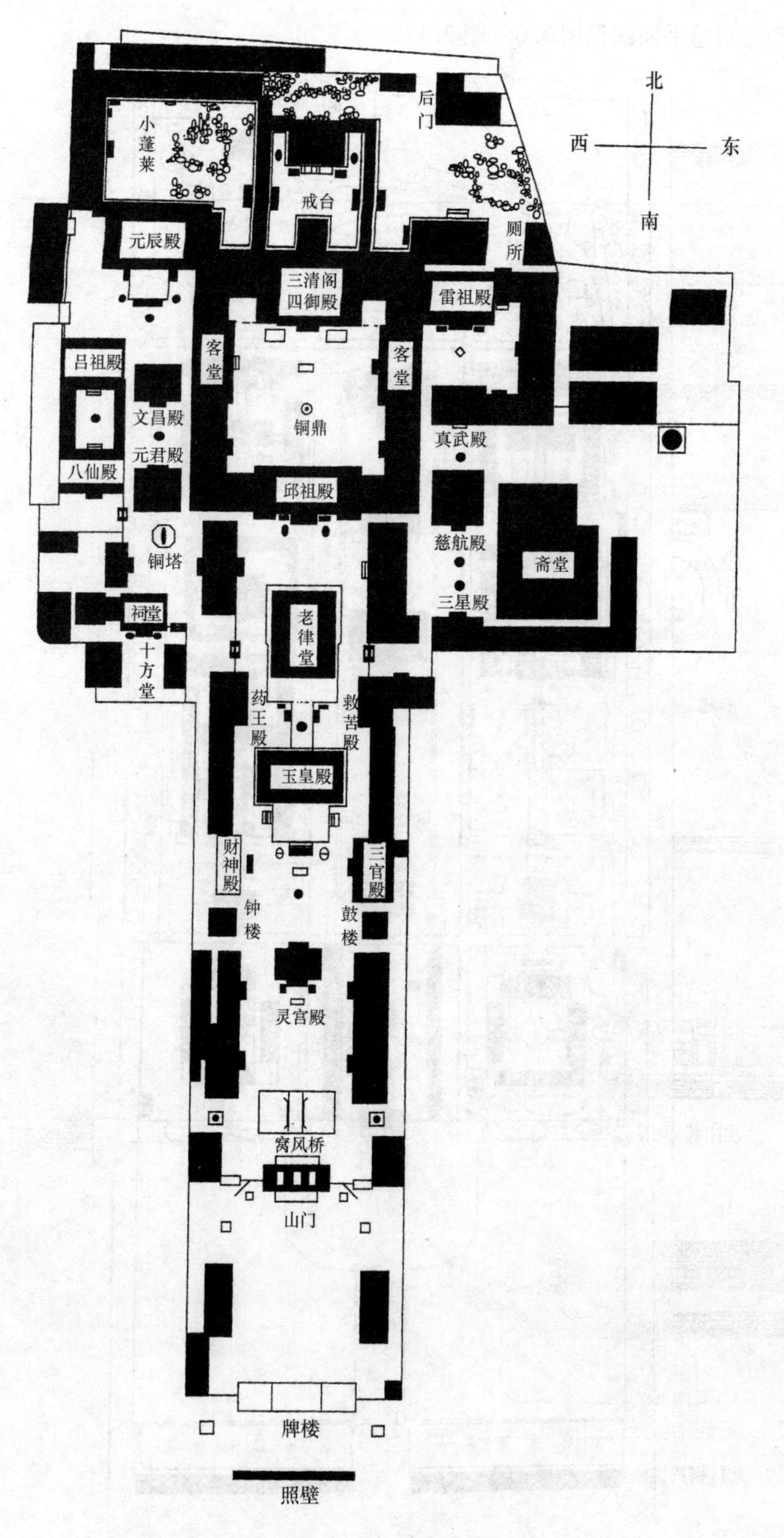

图3.7　北京白云观平面图

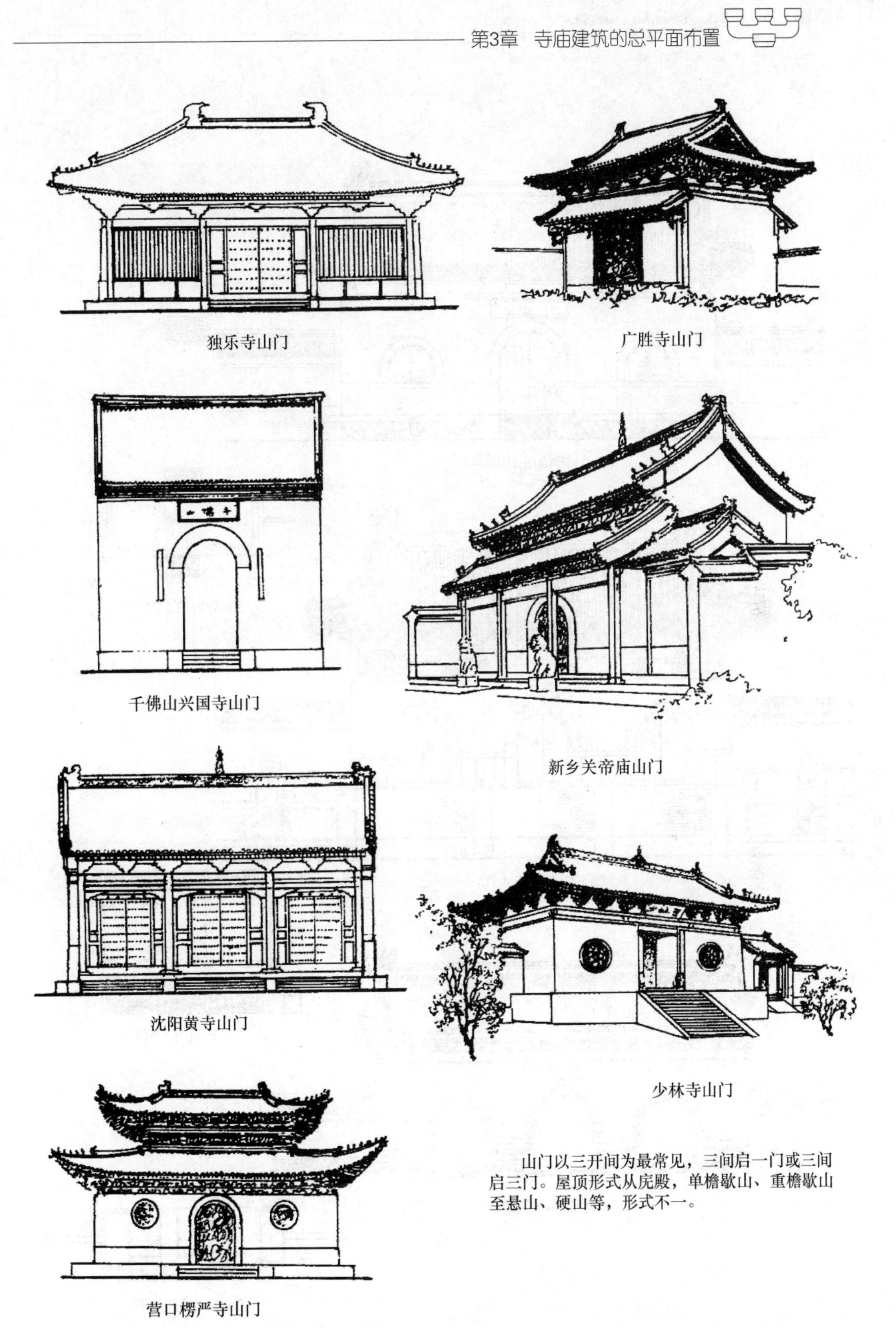

独乐寺山门

广胜寺山门

千佛山兴国寺山门

新乡关帝庙山门

沈阳黄寺山门

少林寺山门

营口楞严寺山门

山门以三开间为最常见，三间启一门或三间启三门。屋顶形式从庑殿，单檐歇山、重檐歇山至悬山、硬山等，形式不一。

图 3.8　山门（一）

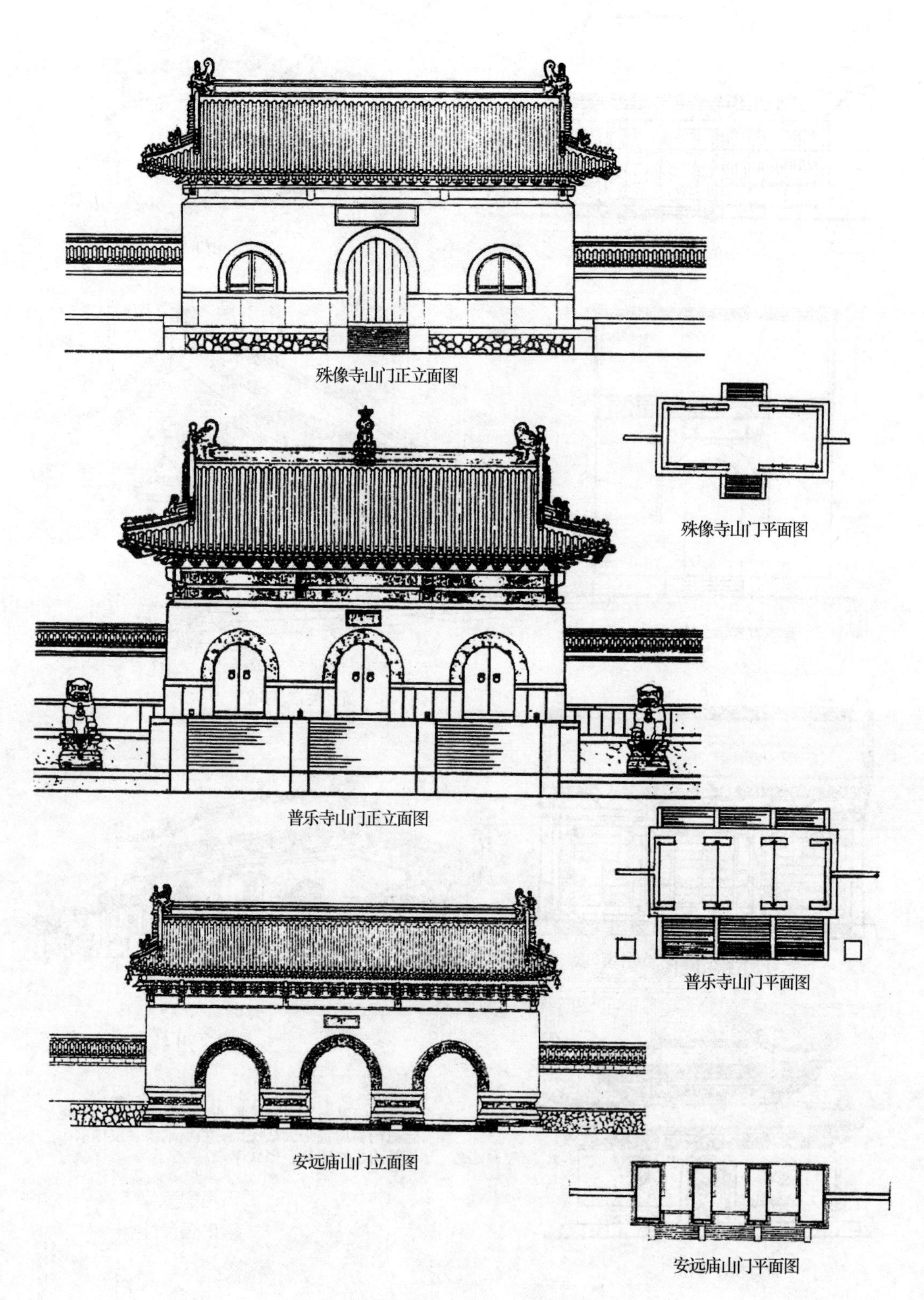
殊像寺山门正立面图
殊像寺山门平面图
普乐寺山门正立面图
普乐寺山门平面图
安远庙山门立面图
安远庙山门平面图

图 3.9　山门（二）

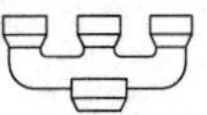

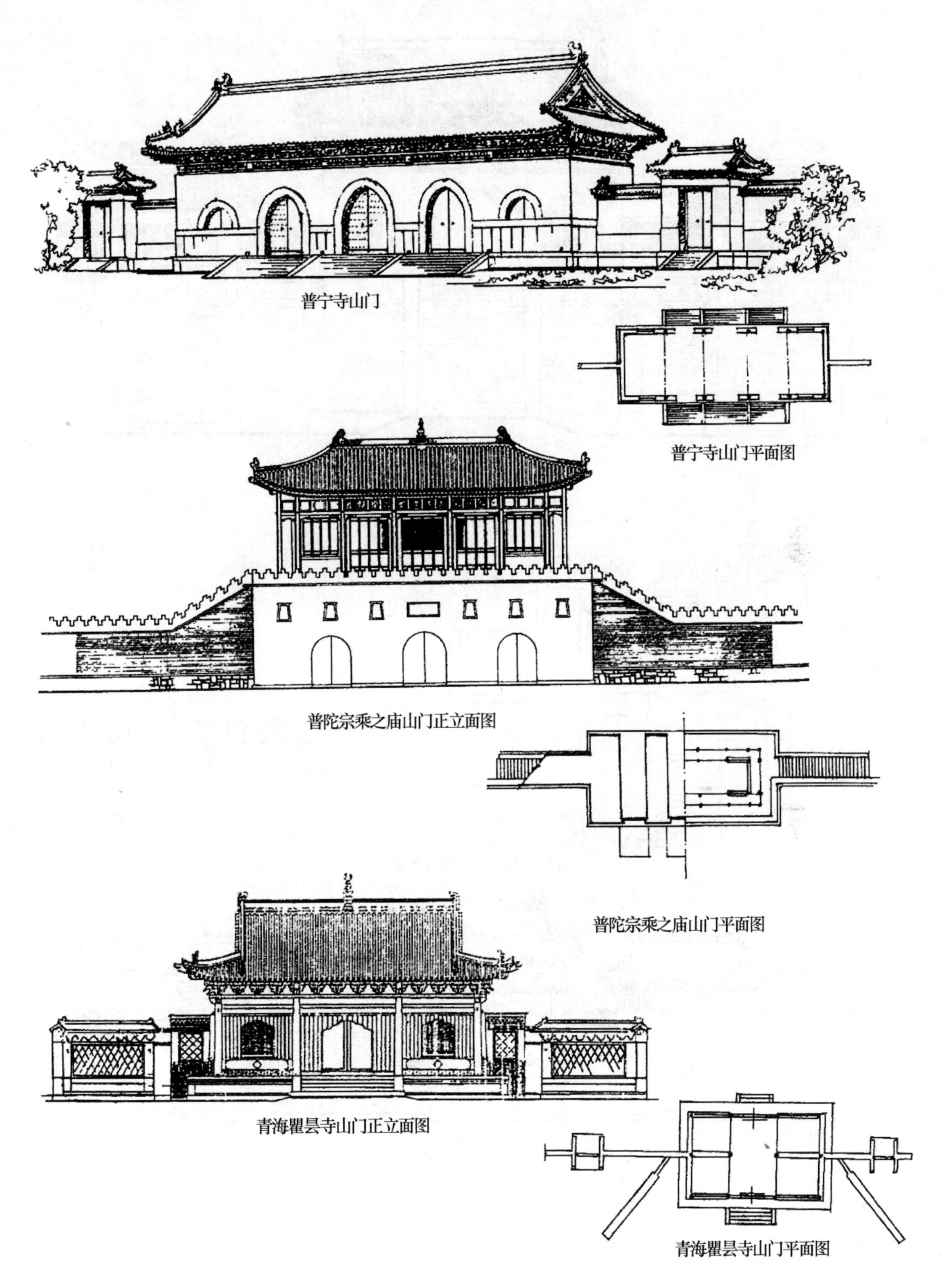
普宁寺山门
普宁寺山门平面图
普陀宗乘之庙山门正立面图
普陀宗乘之庙山门平面图
青海瞿昙寺山门正立面图
青海瞿昙寺山门平面图

图 3.10 山门（三）

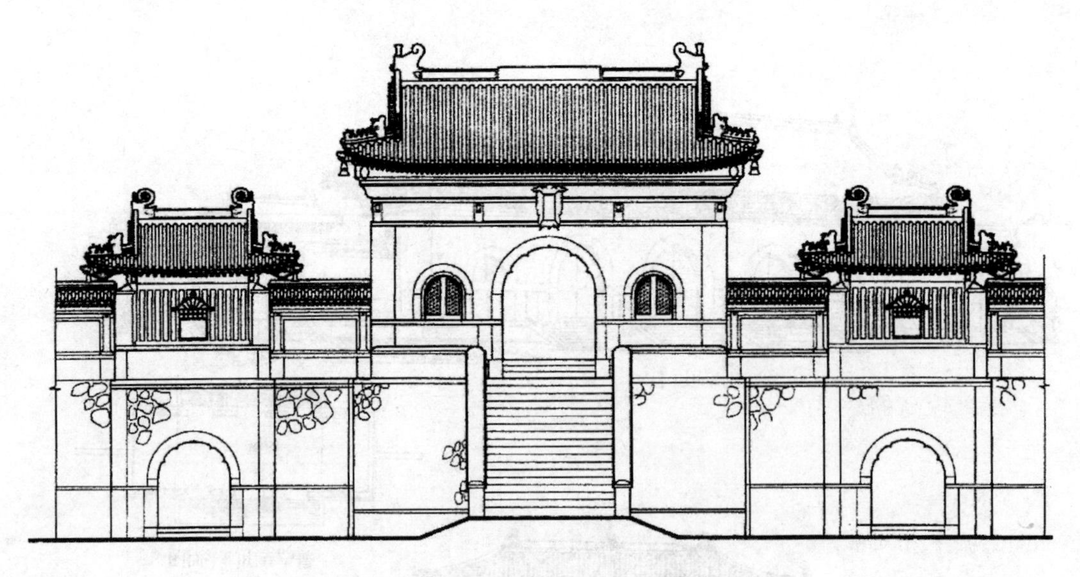

碧云寺山门和旁门正立面图

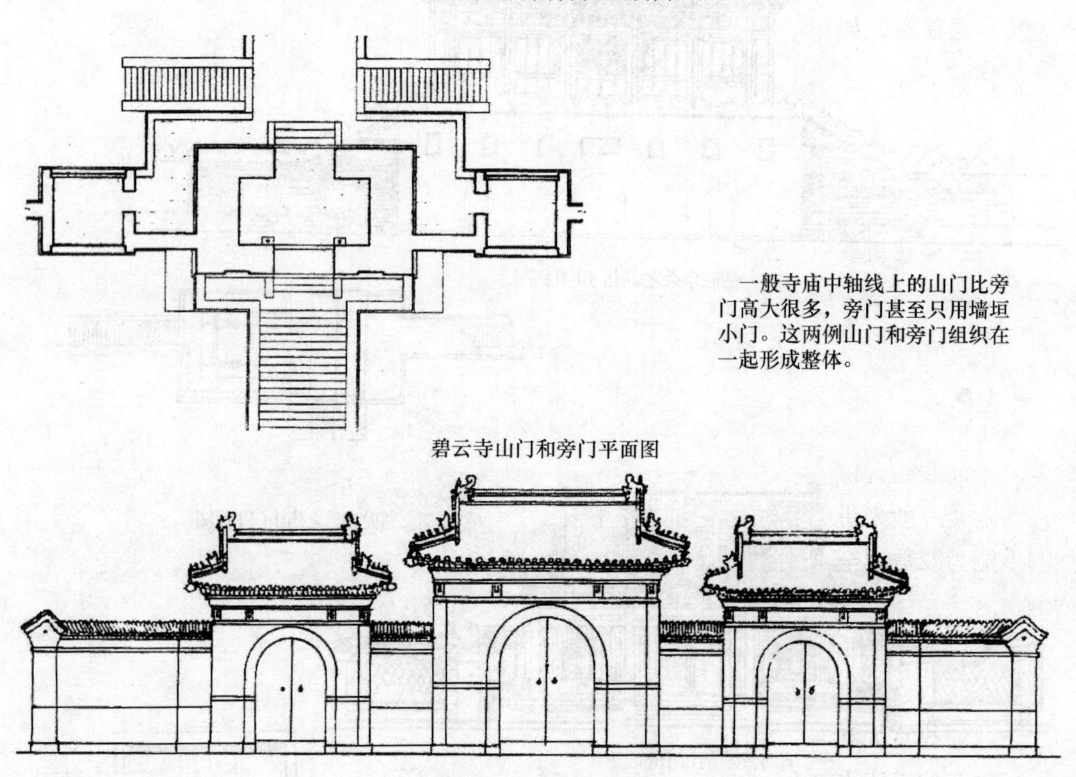

碧云寺山门和旁门平面图

一般寺庙中轴线上的山门比旁门高大很多，旁门甚至只用墙垣小门。这两例山门和旁门组织在一起形成整体。

广济寺山门与旁门正立面图

图 3.11　山门（四）

第 4 章　平面布置

中式建筑根据形制的大小，有大式和小式两种。

大式建筑：

用于等级较高的建筑，如庑殿、歇山等屋顶形式，多带斗拱，有重檐或单檐，带前（后）廊或围廊。西南地区有采用双穿插枋（挑枋）加雕花斜撑（撑弓）和吊瓜、雀替取代斗拱。屋顶可采用琉璃瓦和青筒瓦。

平面上五至九间带廊，进深可达十一檩。

小式建筑：

用于普通建筑，如寮房、斋堂、客堂等附属建筑，屋顶可采用青筒瓦和小青瓦。屋顶多为硬山和悬山。不带斗拱，只能做单檐，体量较小。平面上三至七间，可带前廊，进深不超过七檩。

中式建筑单体以长方形居多，因规模、功能、形式的需要，也有正方形、多边形、十字形、工字形、圆形、异型，以及三合院、四合院，而且还有组合体。南方寺庙因天气炎热多雨，各单体建筑或建筑组团之间多采用连廊进行连接，使用时可避免日晒雨淋。

长方形平面多用于大殿及主要建筑。

正方形、多边形、十字形、异型多用于次要殿堂或专门供奉佛（神）像的殿堂。

圆形、六角形、八角形、多角形多用于园林、亭、塔等小型建筑。

三合院、四合院等组合体建筑多用于附属用房，如居士屋、斋堂、客堂、僧寮等。

建筑平面及组合体如图 4. 1 所示。

寺庙建筑一般来讲是长方形平面，建筑的开间有三间、五间、七间、九间、十一间，按规制不能为双数，全是单数。根据阴阳五行的学说，将世间万物分为阴阳两性。以人性别为例，则男为阳、女为阴；以天地日月为例，则天为阳、地为阴，日为阳、月为阴；以数字为例，则单数为阳、双数为阴。数字中最高单数是“九”，为帝王的象征，谓之“九五至尊”。所以较重要的中式传统建筑开间数一般均为单数。大型宫殿开间数多为七间、九间，少数如故宫太和殿为十一间，一般小型寺庙建筑最小的是三开间，如山门，一般多为三间。也有的寺庙大殿只有三个开间，如著名的五台山南禅寺。南禅寺大殿是中国现存最古老的木结构建筑，距今已有一千二百多年。

4.1　房屋平面的名称

平面开间的名称见图 4. 2。

房屋正中一间，清代称“明间”，宋代称“心间”，其两侧依次为“次间”“梢间”

“尽间”。尽间外侧无间隔的为侧廊，有将五开间、七开间建筑的侧廊装以墙体，作为室内空间利用的，开间的总宽称为“通面阔”。

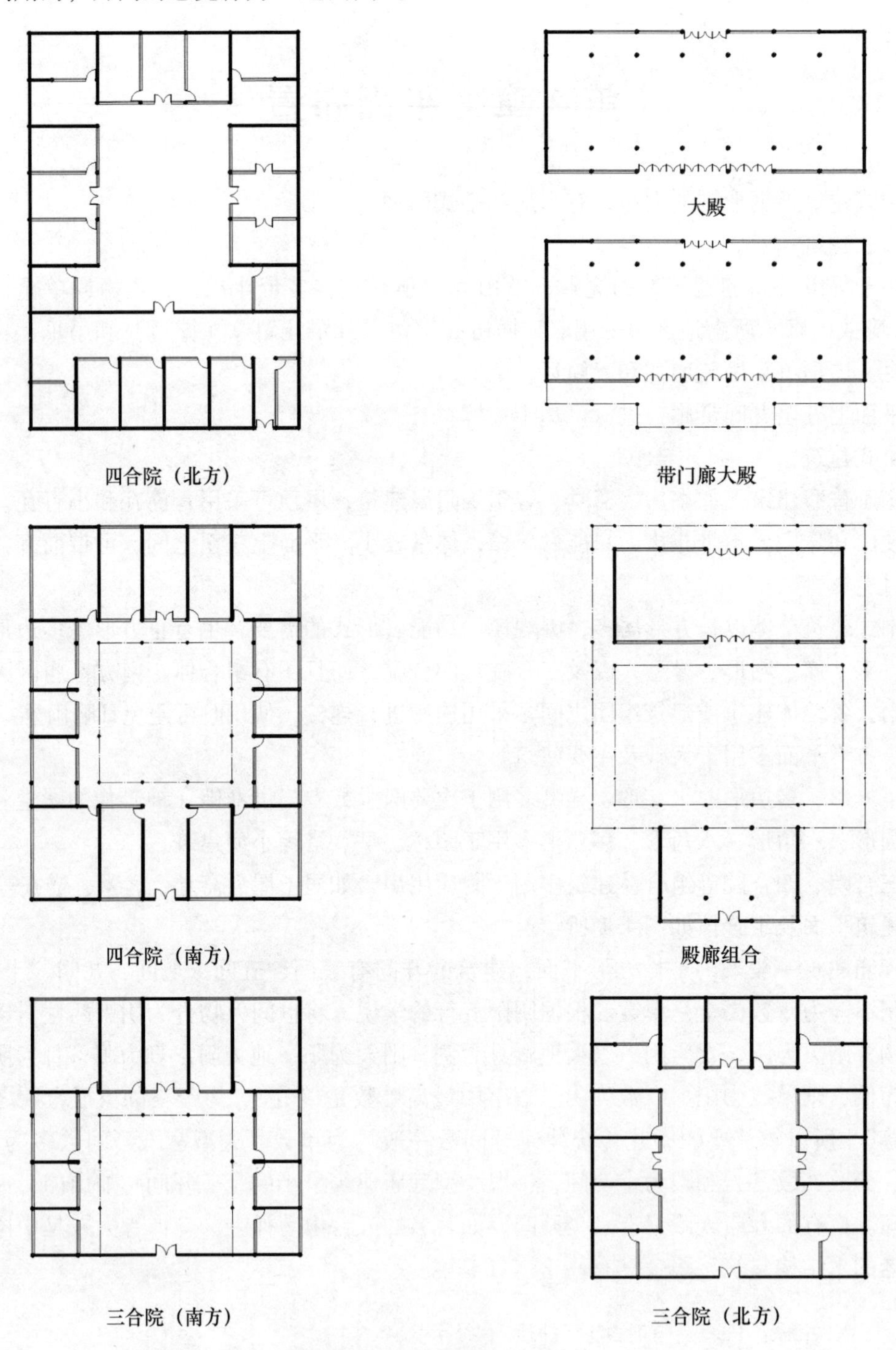

图 4.1　建筑平面及组合图

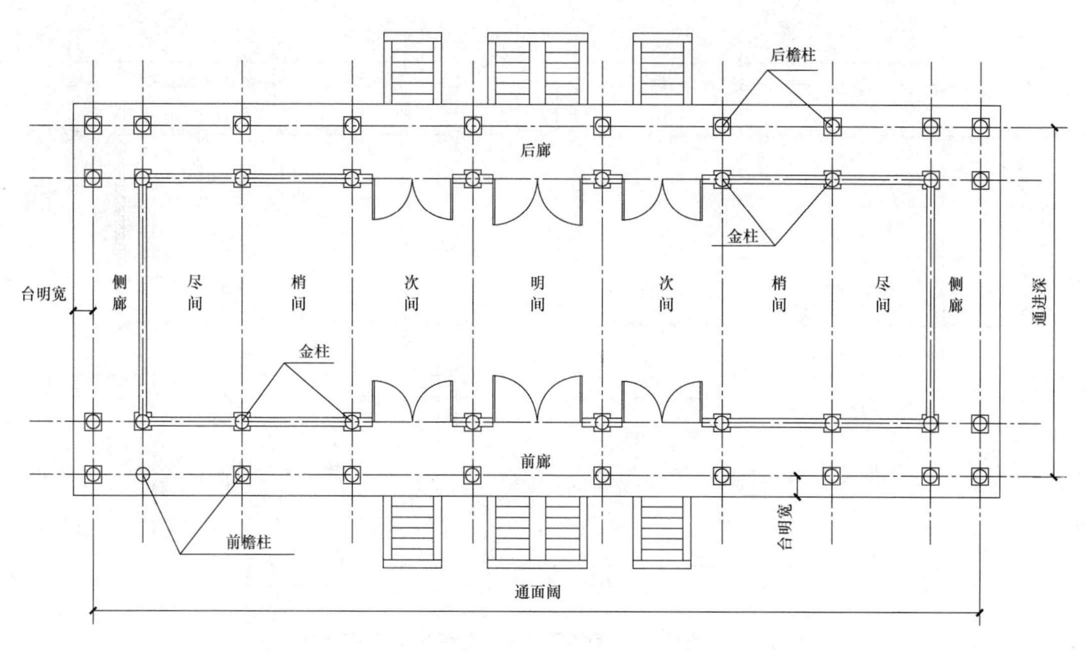

图 4.2 平面开间的名称

从平面的前方往后分别为前廊和后廊，也有较小开间的建筑将后廊装以墙体纳入室内空间使用。

寺庙建筑常用的平面构造形式有无廊式（图 4.3）和有廊式。

无廊式即建筑的四方在沿柱的位置有墙或门窗加以围护，没有外廊。

有廊式有如下几种形式。

（1）单外廊，只有前正面有外廊，其余三方均有围护。两端可用山墙封闭，正面根据功能需要开以门洞。还有一种在前廊两端无山墙做，可做成开敞式外廊（图 4.4）。

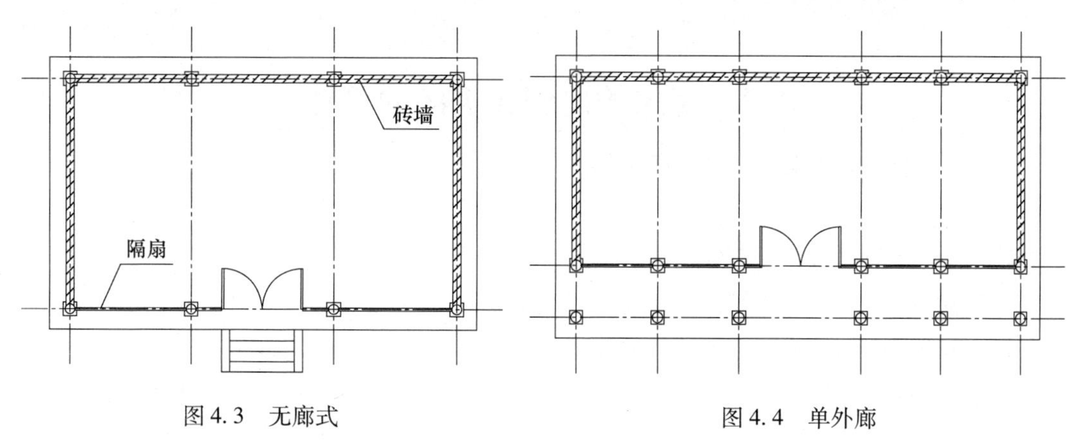

图 4.3 无廊式

图 4.4 单外廊

（2）双外廊：即房屋前后均有外廊（图 4.5）。

（3）三面廊：即房屋的前、左、右有外廊，仅后檐柱处有围护结构（图 4.6）。

（4）四面廊：即房屋的四面均为外廊，又称“围廊”，见图 4.7。

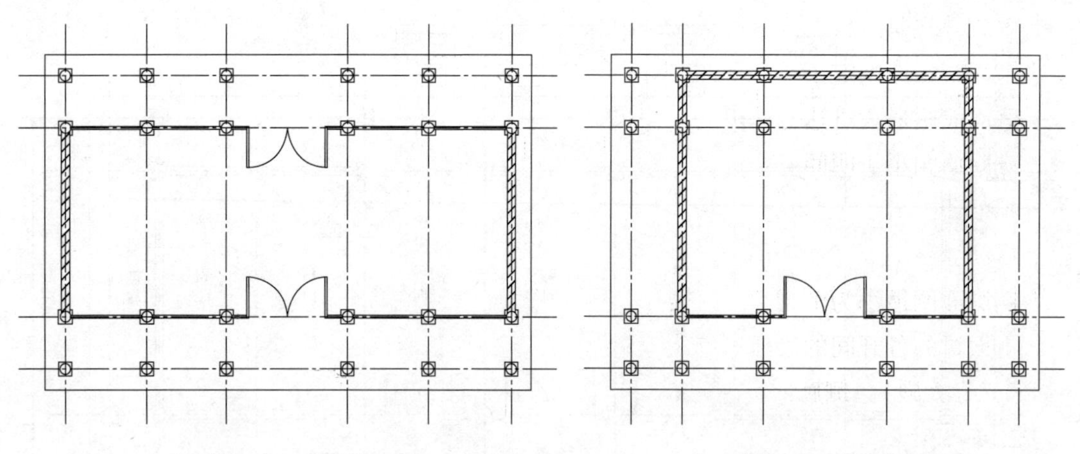

图 4.5　双外廊　　　　图 4.6　三面廊

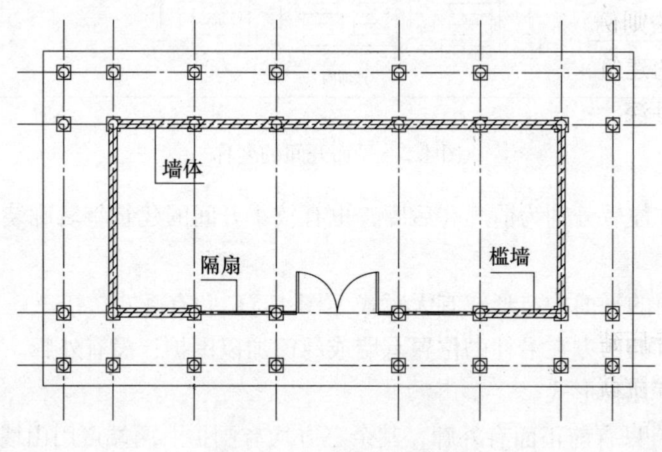

图 4.7　四面廊（围廊）

4.2　房屋的面阔和进深的尺寸

根据使用功能的要求，决定房屋具体的尺寸。

1. 面阔的尺寸

面阔：每开间柱与柱中心的距离。

通面阔实际上就是现在所说的正立面总宽度。

中式建筑通面阔的确定：以明间的面阔为基础，加上各开间的面阔。

明间的面阔，宋《营造法式》定为“一丈八尺”（5.3～5.7m）。清《工程做法则例》规定：大式九檩带斗拱的庑殿建筑，明间面阔约为6m，次间约为5.15m。大式九檩带斗拱歇山建筑，明间面阔为5.15m，次间为4.12m。小式无斗拱建筑，明间面阔为3.3～4.0m。

《营造法原》规定：次间的面阔按明间面阔的十分之八确定。明间面阔常未明确规定，在实际施工时一般也按“一丈八尺”为标准。

中式寺庙建筑在设计时应根据使用功能、场地，先定出平面的长和宽，然后根据长和宽决定面阔的原则定出明间及次间、梢间、尽间的尺寸。

明间面阔最大可达6m。

次间面阔小于明间一个模数（300mm）或两个模数。

梢间面阔又小于明间一个和两个模数。

尽间面阔小于或等于梢间。

侧廊面阔最小为1.5m，最大可达2.7m或3.0m，前、后廊和侧廊宽度相等。

上面讲的各开间的面阔，是依次减少的。但在唐代寺庙中也有各开间面阔相等的实例（如佛光寺大殿），侧廊或尽间的面阔要小一些，这是通例。

2. 进深的尺寸

通进深：中式寺庙建筑的通进深是指房屋的前檐柱中心到后檐柱中心的距离。

清《工程做法则例》的规定如下：

大式带斗拱的建筑：进深一般可取明间面阔的1.6~2.0倍。带斗拱建筑还应结合斗拱攒数，取较大进深。

小式不带斗拱的建筑：进深一般可取明间面阔的1.1~1.2倍。

上述规定在实际运用中应根据建筑使用功能、重要性，加以调整，如寺庙的大殿，要依据其侍奉的佛（神）像的大小、重要性、数量、基座大小、祭祀用具大小、使用功能（如朝拜、讲经等）来决定。

现在的中式寺庙建筑设计，并没有完全采用上述规定。

例如，大佛禅院就没有严格按上述规定设计，各殿尺寸如下：

文殊殿：5开间，通面阔33m，进深27.6m。

大雄宝殿：11开间，通面阔60m，进深33m。

观音殿：5开间，通面阔42m，进深24m。

山门殿：5开间，通面阔42m，进深24m。

上述情况说明“规制”是一个参考值，实际运用中是可以调整的。

3. 台明的尺寸

房屋坐落在台基上的，台基露出地面的部分称为“台明”。檐柱中线至台明边线叫“台明宽”（又称下檐出或下出），边线叫“台明线”。台明宽度小于屋檐出檐宽的100~300mm，以保证雨水不滴落在台明上。中式建筑出檐最小为900mm，最大可达2100mm。

台明与室外地面的高差，一般不小于300mm，有的可高达2100mm。要根据现场情况决定，要注意的是台明边线标高应低于室内正负零的50mm左右，以避免雨水倒流至室内。

4. 台阶（踏步）的设置及尺寸

台阶的宽度等于明间、次间的宽度减去垂带宽度，一般台阶在房屋的正中明间的位置和次间的位置。垂带中心线正对檐柱，垂带宽300~500mm，以300mm为多。七开间以上的建筑台阶在明间处中间可设御路，御路中间刻有龙凤或宝香花图案。

踏步的宽度为300~400mm，每踏步高为120~150mm。

4.3 柱　　子

现在的建筑从耐久、安全、环保的角度出发，都采用混凝土框架结构，故其尺寸应服从结构的要求。

柱子的名称如下：

檐柱：无廊式房屋四周的柱子，又分为前、后檐柱和山檐柱。

金柱：檐柱向室内数的第二排柱子，又分为前、后金柱，山檐柱往内的第二排柱叫“山金柱”。

中柱：正对屋顶中的正脊下的柱子，在两山脊下的中柱叫“山中柱”。

廊柱：有廊式房屋最外围的柱子，又分“前廊柱”“后廊柱”“左、右山廊柱”。

从建筑角度考虑，柱子的尺寸：

廊柱最小为 ϕ300mm，前后金柱最小为 ϕ400mm，可根据建筑和结构的需要调整。

第 5 章　屋顶设计

屋顶是中式建筑重要部分，中式建筑以“大屋顶”而著名于世，“大屋顶”是中式建筑的重要特征。

屋顶：屋顶是指房屋檐口以上部分，包含屋面和屋脊（正脊、斜脊和沿口等）。

中式建筑屋顶形式有庑殿、歇山、悬山、硬山等。

寺庙建筑主要采用歇山、悬山、硬山三种形式。

中式屋顶一般都是由两个方向的坡面组成，当然还有四面、多面，多层的样式。

5.1　屋面坡度的设计

不管什么形式的坡屋顶都有一个坡度，中式屋顶的屋面坡度是一条下凹的曲线。曲线的确定有唐宋时代的“举折”，清代的“举架”，在《营造法式》和《营造法原》中都有规定，但万变不离其宗，就是要使用屋面形成自然的曲线。为方便设计，以清式举架为基础，给出屋面曲线的画法，见图 5.1。

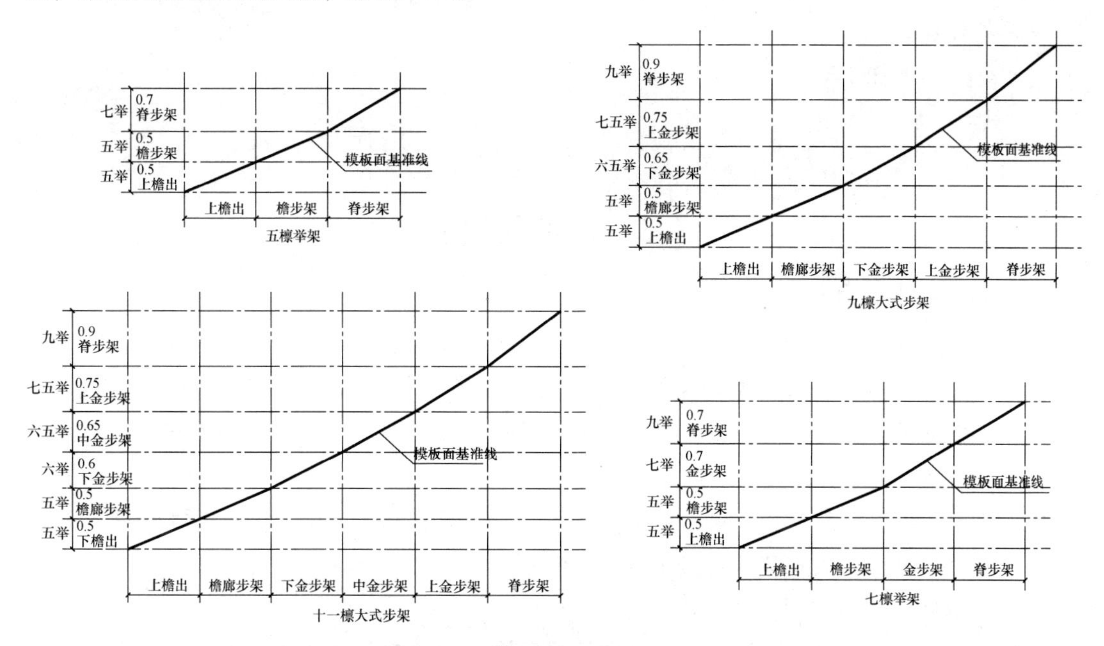

图 5.1　屋面举架的画法

当代实际设计施工出于环保和结构耐久性考虑很少采用木结构，所以不存在檩条，但结构尺寸还是同样的原理。

举架表详见表5.1。

表5.1 举架表

檩数	檐步架	下金步架	中金步架	上金步架	脊步架
五檩中式	五举				七举
七檩大式	五举	七举或六五举			九举或八举
九檩大式	五举	六五举		七五举	九举
十一檩大式	五举	六举	六五举	七五举	九举

从表5.1可以看出：檐步架（第一步）均为五举；脊步架为七~九举。另外，上檐出（出檐）一般均为五举。

由于采用混凝土屋面板，设计和施工的基准线是模板上部即模板面，而不是木结构的檩条下口。

步架尺寸是有规制的："以檩径 D 为基数，廊步架为（4~5）D；脊步架为 $4D$，脊步架不小于 $2D$，不大于 $3D$。"可以看出每步架的尺寸并不相同。同时檩径的尺寸要根据开间的大小，屋盖承受的屋面重力（如琉璃瓦、筒瓦、小青瓦）不同而有所变化，现在采用混凝土屋面，没有檩条了，这个"步架"所起的作用只能用于计算举架，确定屋面曲线。为保证屋面曲线顺畅，每步架尺寸可采用1.5~2.1m。

例如：五檩四步架，进深可达6~8.4m；七檩六步架，进深可达9~12.6m；九檩八步架，进深可达12~16.8m；十一檩十步架，进深可达15~20.1m。

下檐出檐宽：

大式：1.4~2.1m。

小式：0.8~1.5m。

5.2 屋顶的设计

1. 上檐出的确定

《营造法式》及《工程做法则例》由于采用度量尺度不同尚需折算，为简化设计，根据建筑重要性的不同而采用不同宽度，同时考虑建筑美学的需要，例如建筑的主殿、正殿，则出檐要宽一些，一般用房、附属建筑可以窄一些，还要考虑气候的因素，南方雨水多，气候炎热要宽一些，北方则反之。

出檐的宽度有一个原则，叫"檐不过步"，即檐宽不得大于步架的尺寸。小式建筑可按0.9~1.5m设计，大式建筑可按1.5~2.4m设计。

2. 翼角的设计

翼角是中式建筑风格的重要特征，它是屋顶檐口四角起装饰作用的构造，称之为"起翘和冲出"。

起翘：上檐出的水平下口至翼角翘起的最高点垂直高度。

冲出：上檐出的屋顶平面到翼角的顶点的水平距离。

北方地区以口诀“冲三翘四”来说明“冲”“翘”的做法，《营造法式》和《工程做法则例》也有讲述，实际施工中有较大差异，主要表现在“起翘”方面，北方的宫廷建筑起翘较小，如太和殿。南方建筑起翘较大，如上海龙华寺。实际在设计时“冲出”调整的幅度较小。根据“起翘”的多少，调整控制范围较大，可以在400～900mm。“冲出”一般控制在300～600mm。“起翘”的多少，要由建筑的风格和重要性来决定。檐口线的画法见图5.2。

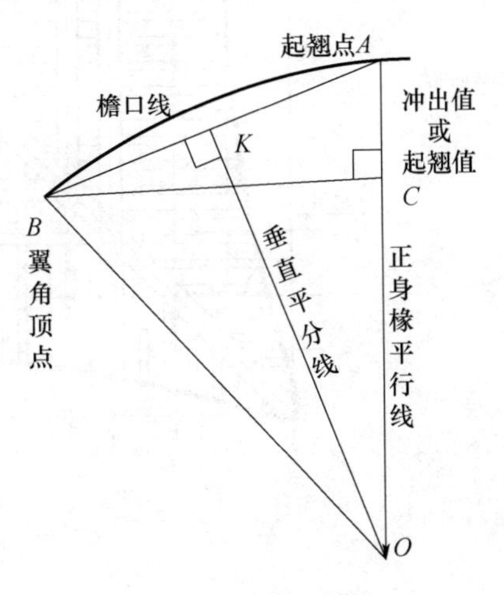

图5.2　檐口线的画法

施工图设计时应绘出翼角的平、立面，投影曲线可采用近似法绘制，见图5.3和图5.4。

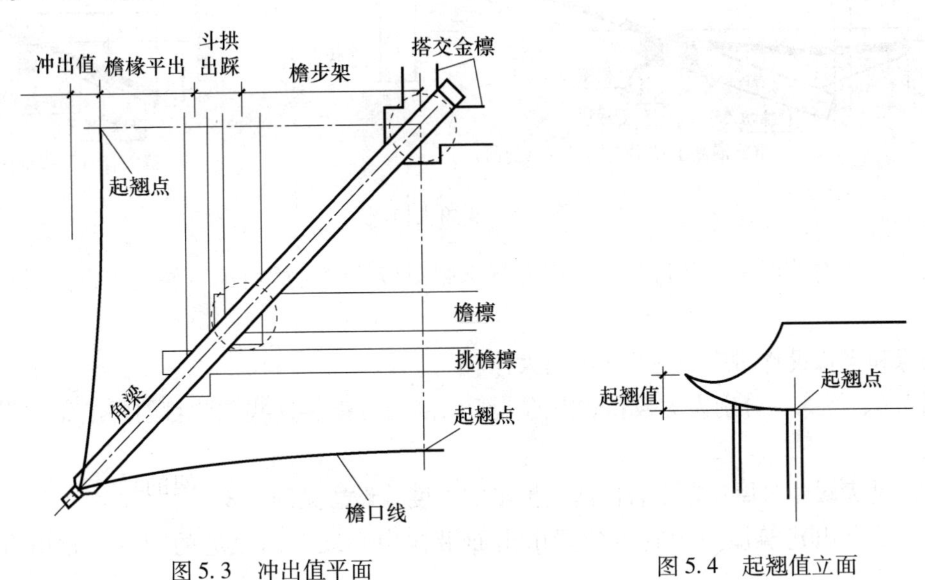

图5.3　冲出值平面

图5.4　起翘值立面

3. 角梁的设计

角梁是四坡屋顶（庑殿、歇山）正身屋顶与山面屋顶45°角相交处的屋顶构件，又称“老角梁、仔角梁”。《营造法原》称老戗、嫩戗。采用混凝土结构屋顶时，老角梁和仔角梁合为一体浇筑，统称为角梁。图 5. 5 为翼角大样图。

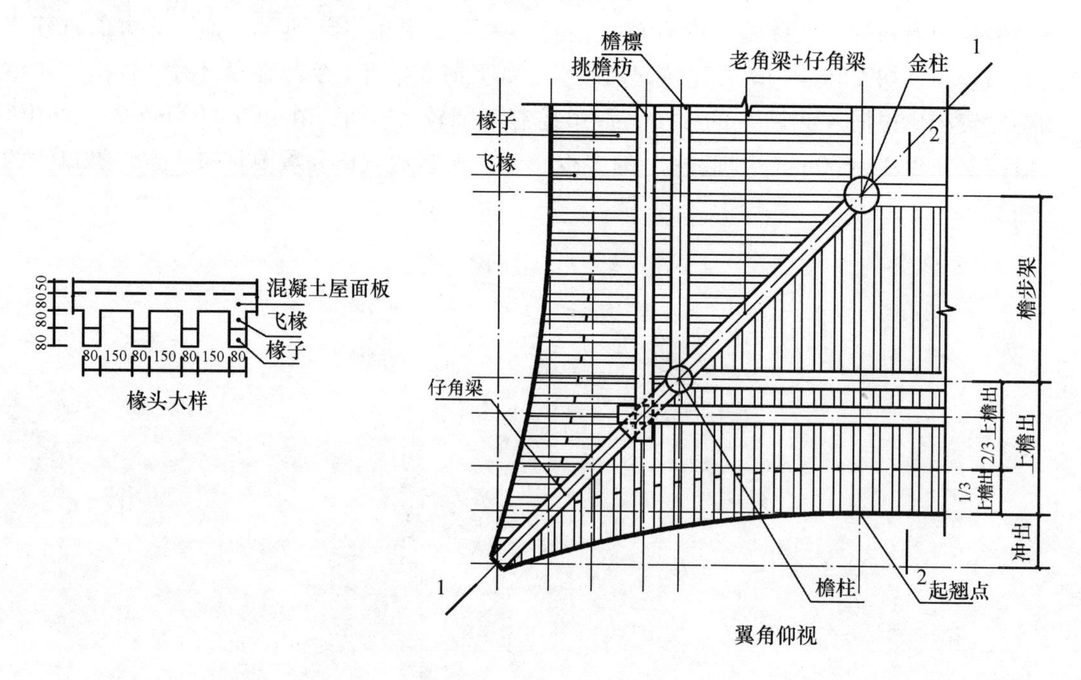

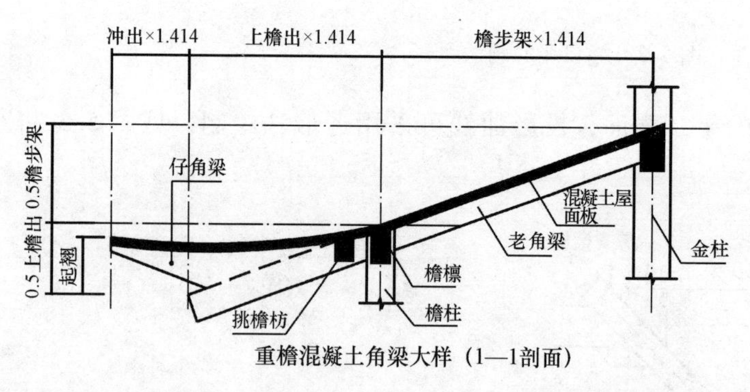

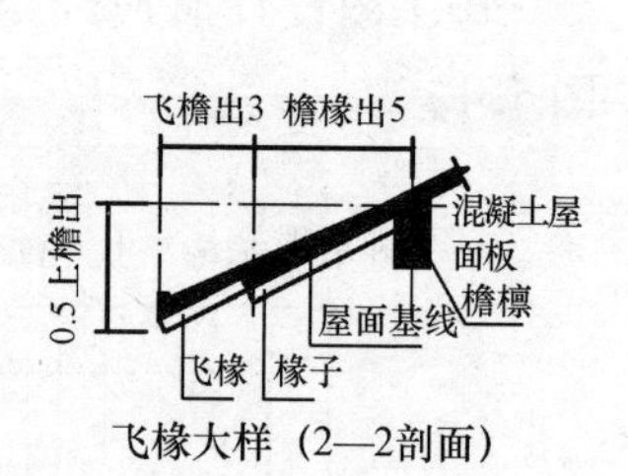

图 5. 5　翼角大样图

椽子布置有放射椽和平行椽，采用混凝土屋顶板结构时放射椽不便施工，故采用平行椽设计。

檐椽和飞椽设计时应如图 5. 5 绘出大样。

图 5. 6、图 5. 7 分别为庑殿和歇山的木架构剖面，提供这些图的目的是给结构设计提供参考。

推山是庑殿建筑屋顶在正脊向两山推出的长度，做法见图 5. 8。

收山是歇山建筑屋顶山花板位置由山面沿柱中心线向内收进的距离。收山有两种做法：

清式：大式山面沿柱中的线向内收 36cm，小式山面沿柱中心线向内收 18cm。

宋式：山面沿柱中心线向内收一步架。

由此可见，清式的正脊要长一些，而宋式的正脊要短一些，可按业主要求进行设计。

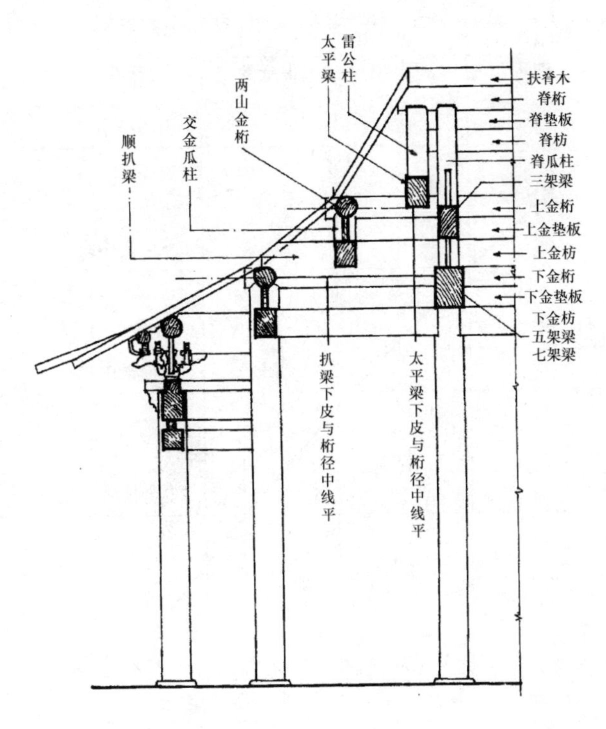

图 5.6 庑殿木架纵剖面

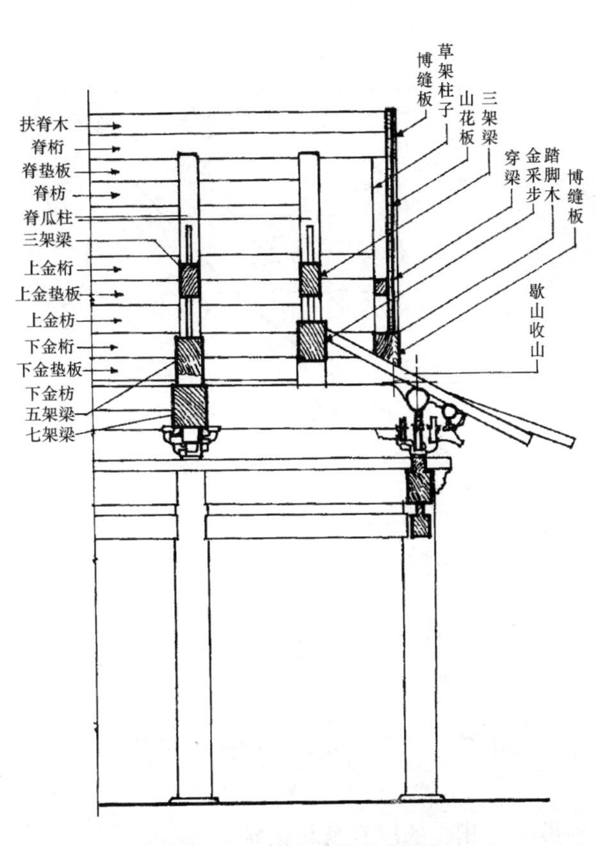

图 5.7 歇山木架纵剖面

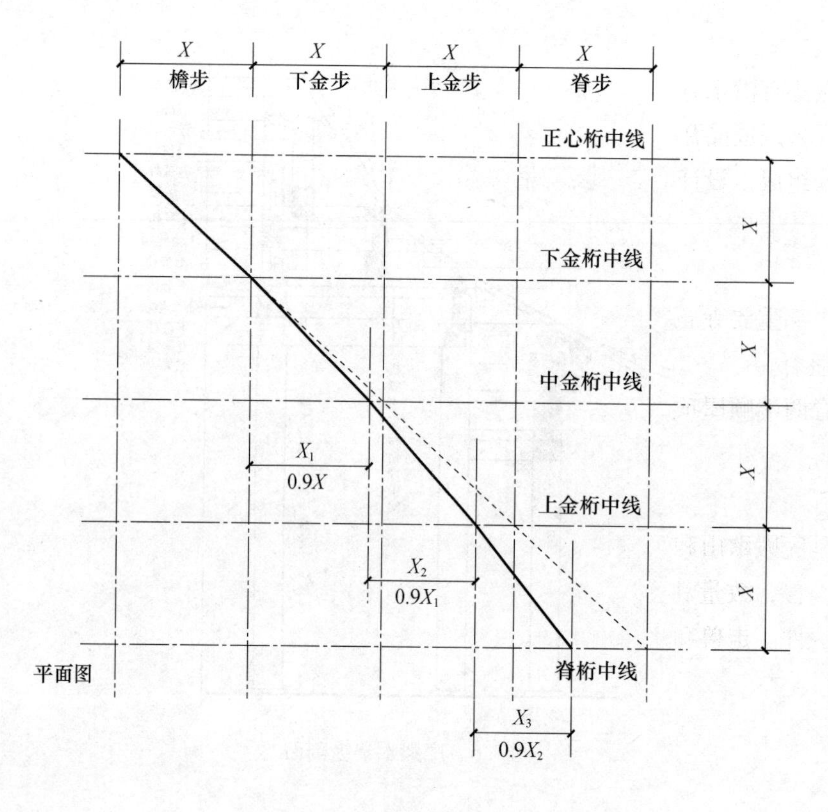

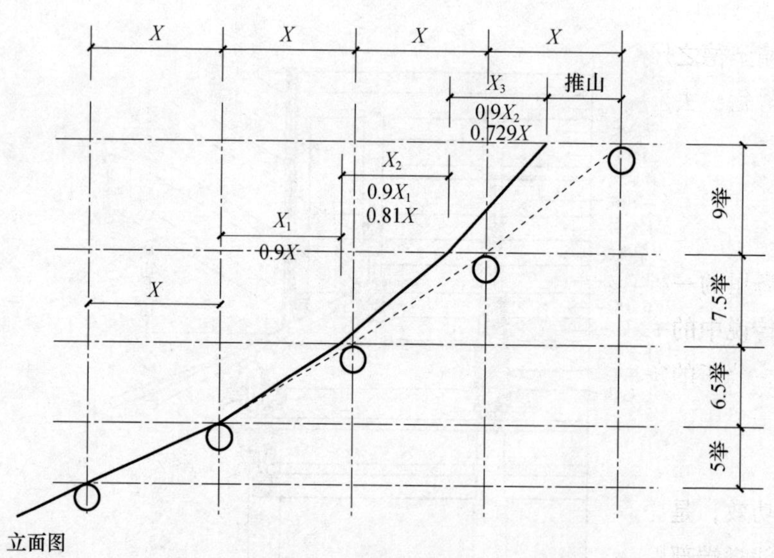

图 5.8　庑殿推山法

4. 屋脊的确定

寺庙建筑的屋脊形式有正脊、垂脊、戗脊、博脊、过垄脊等。

(1) 正脊

屋顶两坡顶在屋顶最高处相交的屋脊就是正脊。

大式做法叫大脊，用于主殿等高等级建筑。

小式做法有清水脊、过垄脊、鞍子脊等。

大脊有采用成品瓦件或砖雕做的，也有琉璃做的。由盖脊瓦、花板、正脊筒、挡条、挡沟和正吻组成，设计时只要说明“成品采购”指定样式规格即可。

在南方，正脊有采用灰塑现场制作的，由专门的泥塑匠人用石灰、麻刀、棉花等原料做成灰泥，根据设计或匠人提供的图片制作。其正吻有龙鳌，正脊两侧有花、鸟、鹤、象等。正脊中部重要寺庙建筑还有灰塑的“中堆”，中堆可由“法轮”或人物组成。

（2）垂脊

由正脊两端顺屋顶向下垂的屋脊或卷棚屋顶顺出山或硬山屋顶向下垂的屋脊。垂脊下端可饰以吉兽（称垂兽）。采用灰塑时可以做牡丹、莲花或仙鹤、飞禽等。

（3）戗脊（斜脊）

戗脊是庑殿歇山和重檐建筑在屋顶四角以45°角向四个方向下伸的屋脊，其下部安置有仙人、走兽，数量和顺序有严格定制，按例应成单数，最多为九件。故宫太和殿是例外，为十一件。走兽和次序由下而上分别为仙人、龙、凤、狮子、天马、海马、狻猊、押鱼、獬豸、斗牛、行什。根据建筑物的重要性分别以九、七、五、三件使用安装。

戗脊下部安置仙人、走兽的排序、名称、含意（从下而上排序）。

仙人：骑鸡仙人，鸡音同“吉”，有逢凶化吉之意。

龙：龙能呼风唤雨，也是皇权的象征。

凤：比喻圣德之凤凰不与燕雀为群，表现帝王至高无上的地位。

狮子：勇猛，去邪恶。传说释迦佛出生时一手指天，一手指地，向狮子吼“天上地下，唯我独尊”。

天马、海马：吉祥的化身。

狻猊：狮子的古称，龙的第五子，喜烟好坐。

押鱼：海里的一种异兽，能兴云作雨，是灭火防灾的神。

獬豸：传说中的一种异兽，形大如牛，似麒麟，长黑毛，眼明亮，长独角，能辨曲直，是勇猛、公正的象征。

斗牛：传说中的一种虬龙，是除祸灭灾的吉祥物。

行什：一种带翅、手持金刚宝杵的灵猴。猴是传说的“雷公”，有呼风唤雨、逢凶化吉、降魔之功效，是压尾兽。因排列在第十位，故称“行什”。

套兽指戗脊端部陶制的装饰构件，多为龙头、狮首。

垂兽指垂脊端部陶制的装饰构件，多为龙头。

正吻：又称“鸱（chi）”音“赤”，中式建筑正脊两端的装饰构件。正吻为一龙头，张开大嘴咬住正脊，正吻之龙是龙生九子这一“蚩吻”，生来好望，能喷水镇火，安放在屋脊用以避火防灾。正吻龙头原来向外，后忽然成精，回头正欲吞脊，被道士许逊看到，立即抛出宝剑将其插在龙上额，仅露剑把在外，故正吻之上留有剑把。

汉唐时期的鸱吻的形式类似鱼尾，故又称“鸱尾”，宋代以后才有象征皇权“龙”的形象出现。

正吻的高度，一般按檐柱高度1/10确定。

（4）博脊

博脊是歇山山墙下部斜屋顶与山墙相交的顶部和重檐建筑下层屋顶与二层墙面相交的高处所用的平脊，也称围脊，瓦件成品也称“半脊”，重檐的转角处可安置“合角”或“合角兽”。

（5）过垄脊

过垄脊是卷棚屋顶最高处的正脊，顶部呈圆弧形曲面。

垂脊兽前段构造见图5.9。

图5.9　垂脊兽前段构造

中式的屋脊因地区不同、气候不同，地域不同还有很多变化，设计者可根据所处地区情况，进行设计。南方地区屋脊形式见图5.10，北方地区屋脊形式见图5.11、图5.12，清式大脊及垂脊见图5.13。

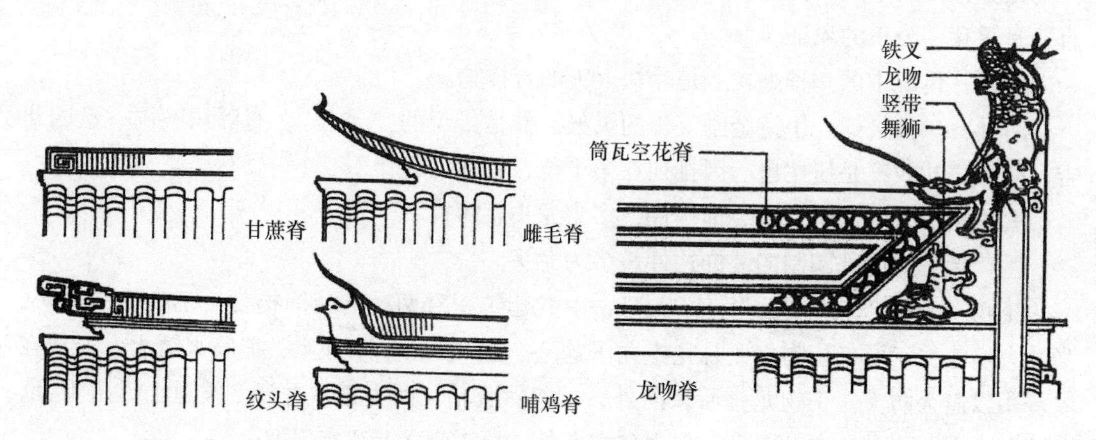

图5.10　南方地区屋脊形式

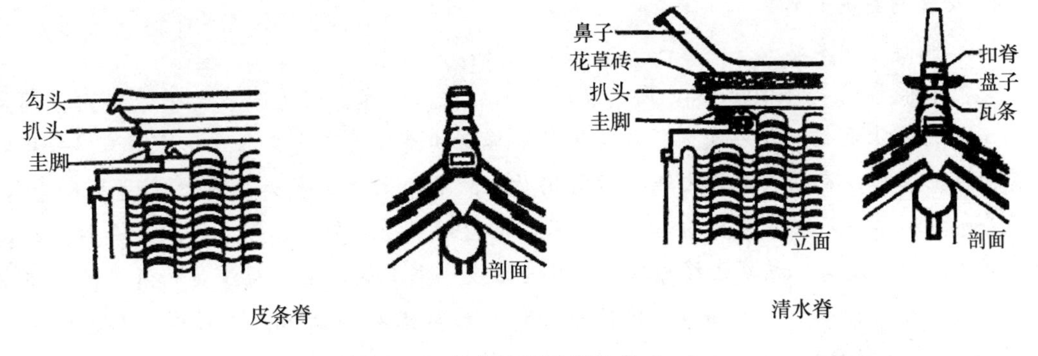

图 5.11　北方地区屋脊形式（一）

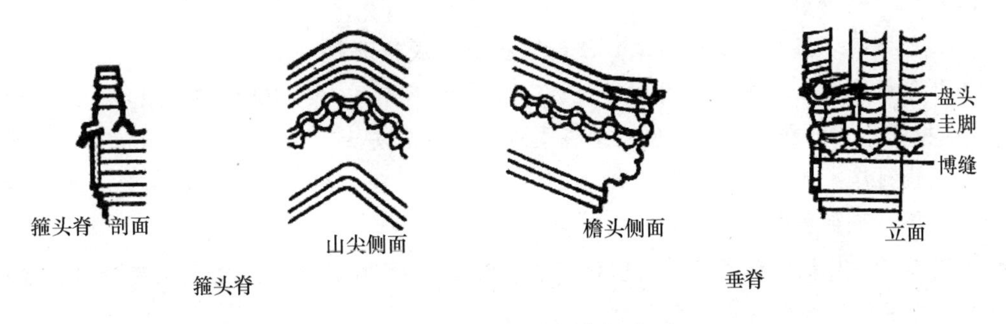

图 5.12　北方地区屋脊形式（二）

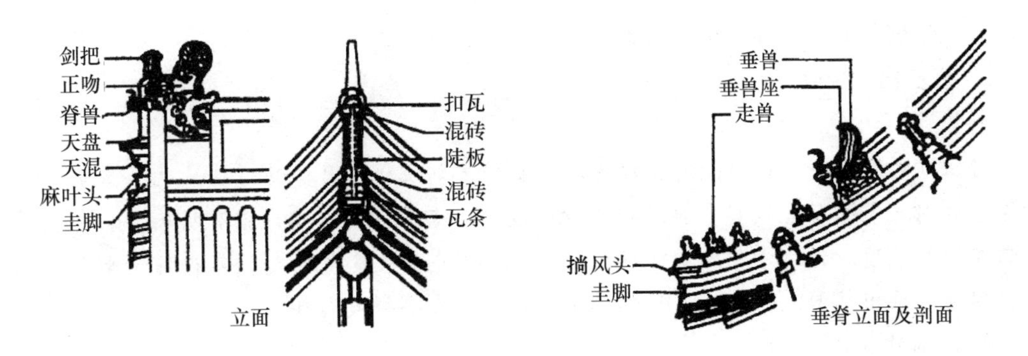

图 5.13　清式大脊及垂脊

附：　　　　灰塑制作工艺

灰塑，俗称灰批，材料以石灰为主，作品依附于建筑墙壁上沿和屋脊上或其他建筑工艺上，渊源甚早，以明清两代最为盛行。灰塑工艺精细，立体感强、色彩丰富；题材广泛，通俗易懂，多为人们喜闻乐见的人物、花鸟、虫鱼、瑞兽、山水及书法。

灰塑工艺在唐僖宗中和四年（884）就已经存在。此后，明清两代的灰塑最为盛行，尤以祠堂、庙宇、寺观和豪门大宅用之最多，因此，逐渐形成了这门独特的民间手工行业。

民国至中华人民共和国成立，灰塑得到了绘画和雕塑艺术的熏陶，经过不断探索和积累，技艺水平得到传承和提高。

灰塑材料的制作和雕塑工艺相对于绘画工艺更为复杂和精细。

1. 灰塑材料的制作

（1）制作草根灰

先把干稻草截至4～5cm长，用水浸湿，然后放入大容器（大缸、大桶等）内，铺至约5cm厚，在上面铺一层石灰膏，并将下层稻草全部覆盖。依此类推，一层稻草、一层石灰膏地往上添加，直至达到每次雕塑所需用量。随后沿着大缸或大桶内壁慢慢灌入清水，水量要超过稻草和石灰膏叠层的二三十厘米。待密封、浸泡和发酵一个月以后开封。经过长时间的浸泡和发酵，稻草已经霉烂，而且与石灰一同沉淀。将上层淡黄而清澈的石灰水轻轻滤出（留作以后调颜色用），然后按200kg的草根灰加0.5kg红糖的比例进行搅拌（搅拌时间越长越好），搅好后封存备用，避免被风干。

（2）制作纸筋麻筋灰

①把玉扣纸（俗称土纸、粗纸）浸透、搅烂，成为纸筋。

②用清水浸泡生石灰，再用细筛过滤，除去沙石杂质。按100kg石灰加入2kg红糖、2kg糯米粉的比例配料，搅拌，使之细腻柔滑，制成石灰油。

③麻筋制作：选用上好麻条，切成50～100mm小段，用竹片拍打成绒状，要求越细越好，以麻丝抓在手中，用嘴能吹散为度。

④将石灰油与纸筋麻丝按一定比例混合，然后密封20天左右。需要使用时取出糅合。糅合时间越长，混合物的黏性就越好。

（3）制作色灰

将已经制作好的纸筋灰加入所需的各种颜料，糅合之后便成为色灰。

2. 灰塑制作流程

（1）定样

若需方对所需灰塑雕塑没有特别要求，制作方则应根据具体的建筑情况（如类型、结构等）为对方构思雕塑内容，再进行测量和设计。若需方对灰塑内容有明确要求，制作方则需在测量尺度后为对方考虑灰塑摆放的位置、形态和大小等问题。不论何情形，艺人都需在现场勾画出草图，如龙、凤、兽、花、鸟，做出小样或大样。

（2）制作骨架

在相应的建筑位置打入钢钉，用铜线在固定位置扎制造型骨架。扎制时要考虑骨架承受能力，以及结构问题，旨在保证成品的牢固性与结构的严谨性。

（3）批灰

骨架定好后可以用草根灰进行第一次批底。往骨架上包灰，每次不能超过3cm厚，而且每次包灰要间隔1天。同时每次包灰前都应将前一次的草根灰压紧实。依此类推，层层包裹，直至灰塑的雏形成形。

（4）搭坯

间隔1～2天后，开始往草根灰表层上铺加纸筋灰，以求雕塑表面细腻光滑。纸筋灰要紧紧地压在草根灰层面上，而且每次厚度不能超过2cm。

（5）再次批灰

用纸筋灰在草根灰表面进行造型与神态批灰，使灰塑平滑、细腻。使用纸筋灰时，可以加入所需要的颜料，搅拌再批。

经过纸筋灰定型后，根据不同需要，将颜料与纸筋灰混合拌匀，在定型的灰塑上面上一层色灰面（底色面），让颜料能长期保持其自身色泽。做一层色灰即对这个灰塑雕塑最后定型和修型。

（6）上色灰

补灰完成后，还要根据各部位的需要添加一层薄薄的各色色灰。有了这层色灰，上色彩时才可以保持色彩鲜艳而不易露底。

（7）着色

灰塑定型和修型完成后即着色，所用颜料必须是矿物质色料，以保证颜色经久不变，使其呈现色彩丰富和立体感强的灰塑雕塑。此道工艺必须在完成上一步骤（上色灰）后的同一天进行，因为要保持灰塑雕塑本身的适当湿度，让其充分吸收各种色彩的颜料。着色时要按照由浅色到深色，逐渐加色的顺序进行。每上好一层颜色，需要等3～4个小时以后才能上第二层颜色。如果时间间隔不够，则会把下面一层未干的颜色弄浑浊。最后是用黑色颜料勾勒线条。

（8）保湿

整套制作工艺完成后，仍然要使灰塑雕塑保持合适的湿度，两天左右为宜，以使得颜料被雕塑完全吸收。随后清除并冲洗干净疏松的灰层，不能让灰塑内湿外干，而必须用东西将其遮盖，使其表面保持适当的湿度。只有这样才能便于上彩。灰塑表面过于干燥，将严重影响上彩的效果。当灰塑外表的纸筋灰干燥时，颜色无法渗入灰塑，同时还会产生不规则的鳞片状翘壳。灰层上翘或卷曲，颜色层一经风雨就片片脱落。所以，在灰塑制作过程中，掌握和保持适当的湿度至关重要，因为这将直接影响灰塑质量。

（9）补灰

灰塑制作后期需要由内至外对已完成的成品逐层修补。里层用草根灰，外层用纸筋灰，细化雕塑表层。

（10）上彩

做好色灰后，还要绘上各种色彩。颜料用石灰水调制。上彩是修补灰塑的最后一道工序，这直接决定了灰塑的可视性。上彩是否成功与艺人之前把握灰塑湿度的技艺密切相关。灰料太干，则灰塑表面容易翘壳；太湿，则难以上色。如果灰塑内部包含水分过多，即使外层涂好了颜色，一经阳光照射，灰塑内部水分也会大量蒸发出来，造成外层颜色泛白。

3. 灰塑在建筑装饰中的运用

灰塑在建筑装饰中的位置不同，所起的作用也不同。

（1）照壁

照壁是建筑入口（院门入口）对面的装饰墙面，主要作用在于遮挡大门内外的景物，美化大门的出入口。以前的大户人家宅院或重要厅堂对面多有照壁，上面通常饰有字或雕刻。照壁通常与房屋墙壁结合设置，并用灰塑进行装饰。形式多为篆书的“寿”字，或正中是平铺的琉璃花窗配以精美的灰塑楹联；或正中为近似方形的大幅山水灰塑。

（2）墙楣

墙楣俗称“花托”，通常是在位于墙体最上端檐口之下的部位采用灰塑做装饰带，使屋檐和墙体之间的相接显得没那么生硬。

（3）楹联

楹联通常作为景点的装饰，用于照壁的两侧或洞口的两侧。楹联由灰塑装饰牌匾和文字两部分组成，根据其形式分为板形、宝囊形、竹节形和芭蕉形。

（4）墀头

墀头是山墙两端屋檐与墙身之间的过渡部位，其底部通常向外挑出，因此形象比较突出，也是装饰的重点部位之一。

（5）翘角（爪角）

翘角为屋顶四角突出部位，起着烘托屋顶气势的作用，使建筑显得大气、壮观，多为云纹、卷草花，制作工艺复杂，是川派建筑不可缺少的装饰。

灰塑线描图见图 5. 14。

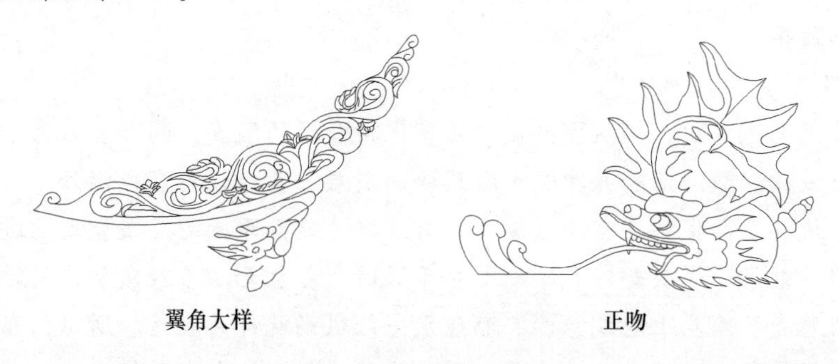

图 5. 14　灰塑线描图

5. 3　屋顶的形式

1. 庑殿屋顶

如图 5. 15 所示，庑殿屋顶是由一条正脊与四条垂脊组成的四坡顶（“四阿顶”或“五脊殿”）。

庑殿建筑雄伟、庄重，是建筑屋顶形式的最高等级，主要用于大型宫殿、庙宇的主殿。比较有代表性的建筑有故宫的太和殿、五台山的佛光寺大殿、苏州的文庙大成殿等。

庑殿的屋脊采用大式做法，两端安置吻兽，采用推山法加长正脊，垂脊与屋顶呈 45°夹角。

2. 歇山屋顶

歇山屋顶的等级仅次于庑殿屋顶，是悬山屋顶和庑殿屋顶的结合，在庑殿屋顶两端增加两个山墙，即成了有山墙的四坡屋顶。歇山屋顶又叫“九脊殿”，共有九条脊：一正脊、四垂脊、四戗脊。如果加上山墙两条博脊，共有十一条脊。歇山屋顶外观庄重，在寺庙建筑里较多采用，多作为主殿使用。

歇山屋顶分尖山歇山和卷棚歇山，见图 5.16、图 5.17。

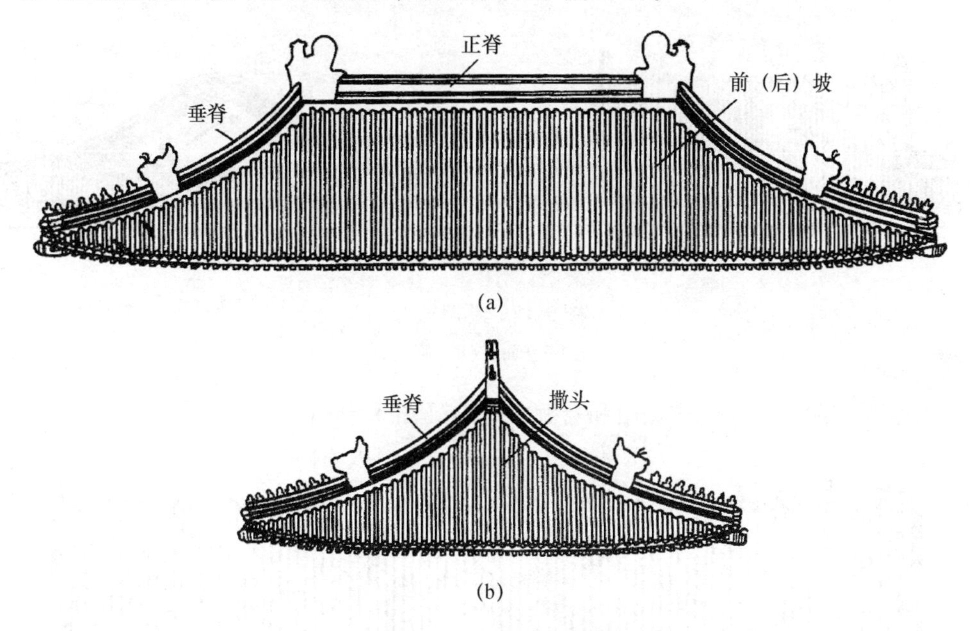

图 5.15　庑殿屋顶

（a）正立面；（b）侧立面

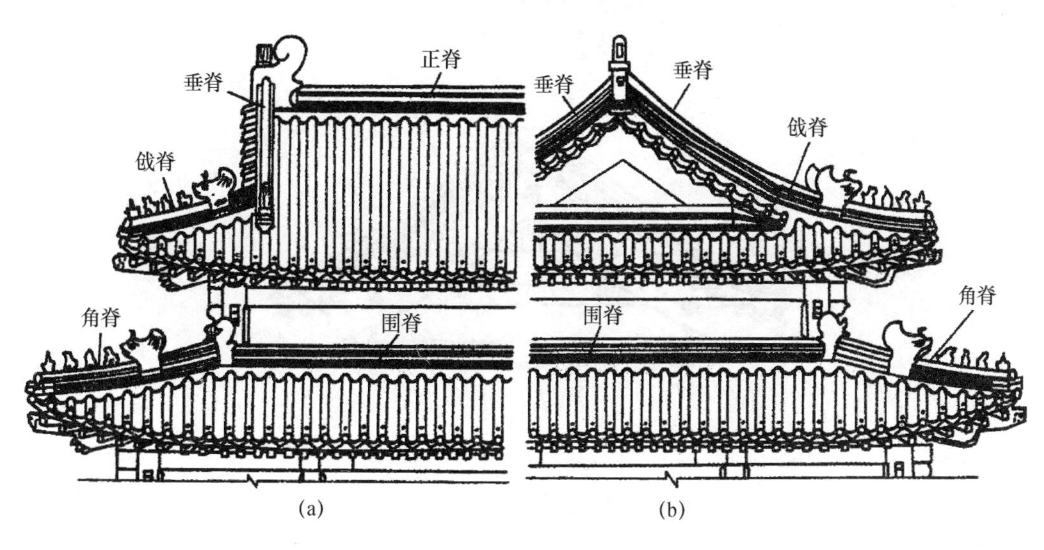

图 5.16　尖山歇山

（a）正立面；（b）侧立面

山墙做法有两种：

（1）北方做法：类似于硬山。

（2）南方做法：类似于悬山（如大佛禅院）。

3. 悬山屋顶

双坡屋顶两端伸出山墙的部分又称出山，《营造法式》规定伸出长度为 40 ~ 100 分，南方有一种说法又叫“出山”（又叫出三），就是要出三匹桷子的意思。“三寸桷子四寸沟”就是二尺一寸，可按70cm设计或与出檐同宽。

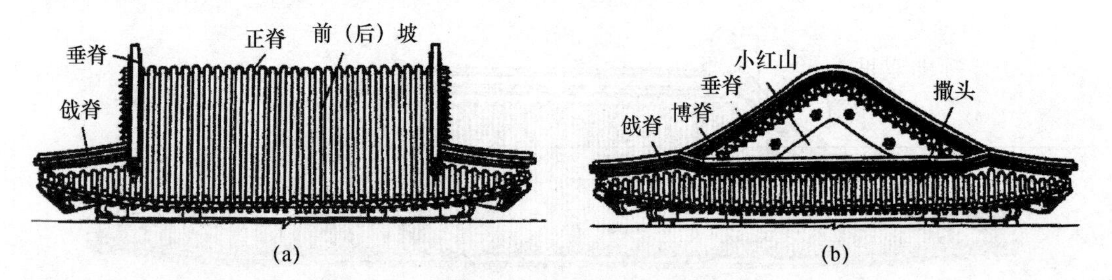

图5.17　卷棚歇山

（a）正立面；（b）侧立面

悬山屋顶有两种：尖山式悬山和卷棚式悬山（图5.18）。

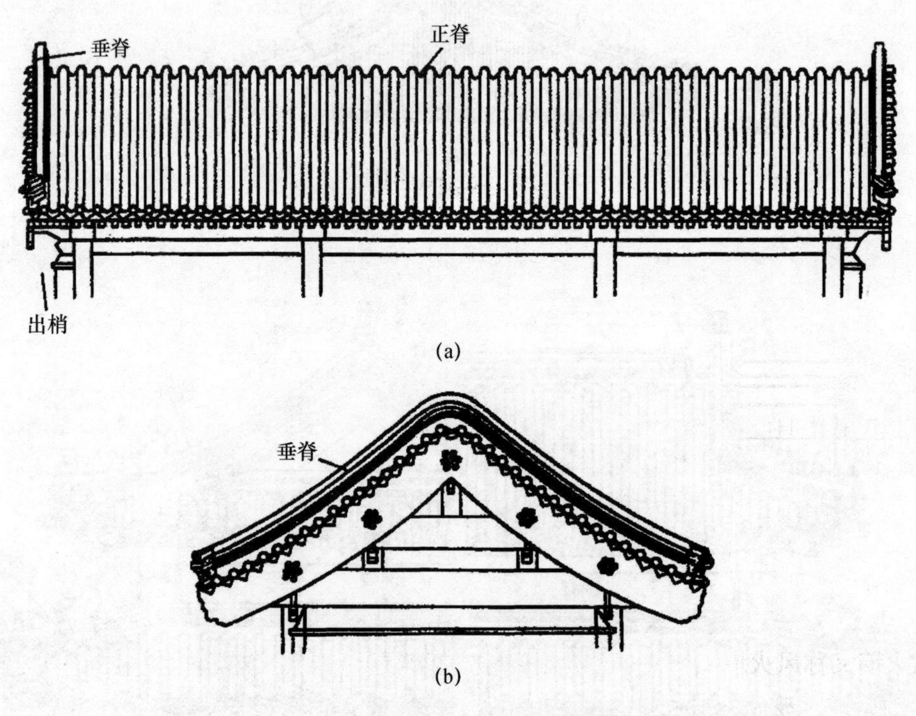

图5.18　悬山屋顶（圆山卷棚式）

（a）正立面；（b）侧立面

尖山式悬山有五条脊：一正脊、四垂脊。

卷棚式悬山也有五条脊：一过垄脊、四垂脊。

等级较高的建筑才有垂脊，一般建筑没有或用砖块做一“顺水脊”压住二端头瓦片，用于防风。

悬山屋顶的两端头钉有博缝板及悬鱼。博缝板的作用是保护檩条端部不受雨淋。

木制博缝板大式的宽可达400mm，厚度为25～40mm。小式的宽250mm以下，厚度为15～20mm。

悬山屋顶是南方民居的主要形式，寺庙建筑中用于配殿和次要建筑。

南方建筑檐口还要做吊檐板，木板宽度为200~300mm，厚度15~20mm。

4. 硬山屋顶

硬山屋顶即双坡屋顶，两端不伸出山墙，用山墙封至屋顶，或山墙伸出屋顶做成封火墙。

硬山屋顶也有两种：尖山式硬山和卷棚式硬山。

尖山式硬山正脊有大式做法，两头有正吻；小式做法有纹头脊、甘蔗脊等。

硬山还有一种封火墙（图5.19）的做法，比较典型的就是“徽派”的马头墙，《营造法原》的观音兜（图5.20），川派的“猫拱”等。

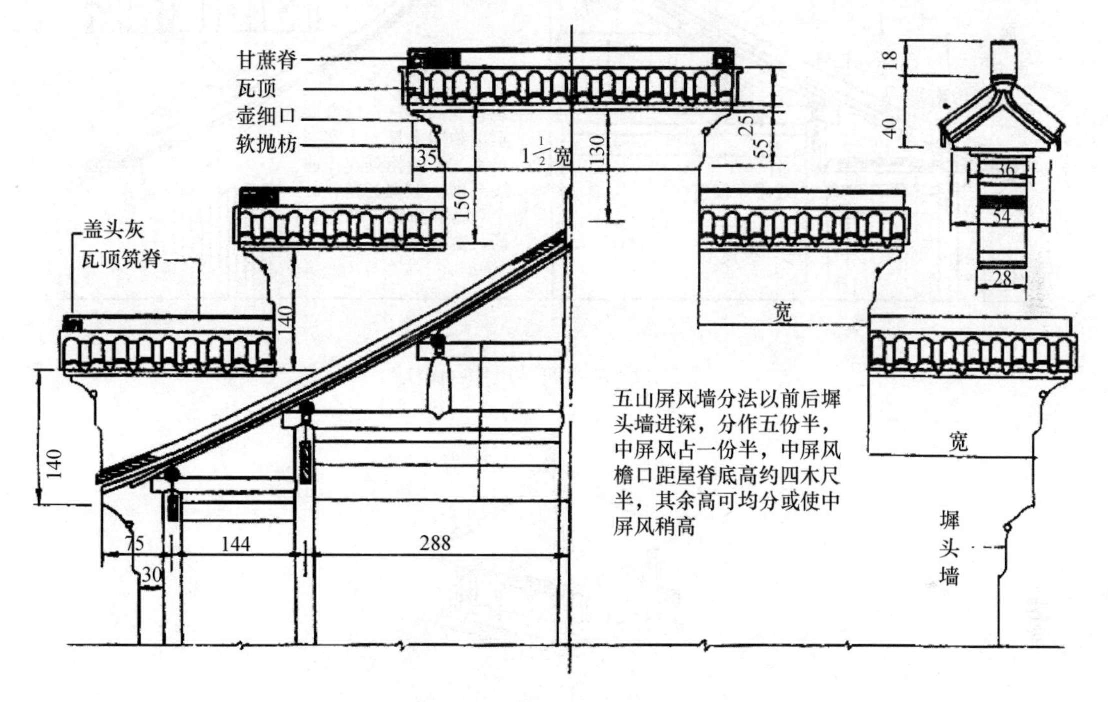

图5.19 封火墙（尺寸：cm）

封火墙又称风火墙，其主要作用是用在连排房屋建筑上，防止发生火灾时产生“火烧连营”的后果，现代由于木结构房屋很少，其演变成了一种建筑装饰，这在世界建筑史上是独有的。

封火墙的做法：山墙冲出屋顶。

硬山建筑其他方面基本和悬山相同，不再赘述。

5. 攒尖顶

攒尖顶就是多条屋脊在屋顶最高处汇集在一起，见图5.21。攒尖有单檐、垂檐、三角、四角、六角、八角等多种形式。攒尖顶多用于园林建筑。

6. 盔顶

其屋顶形似“帽盔”而得名。一般多为四坡屋顶。

7. 盝顶

屋顶中部为平屋顶或中空平面形式，有四角、六角、八角等。四周为坡屋顶，坡屋顶山尖处做以屋脊，多用于次要建筑或园林建筑。

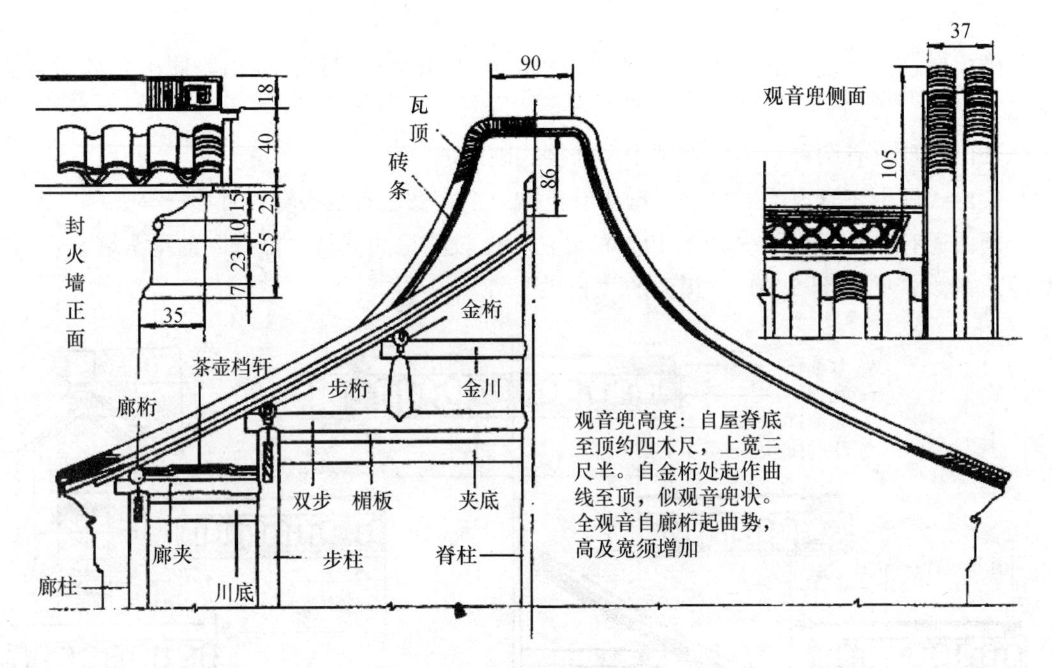

图 5.20　观音兜（尺寸：cm）

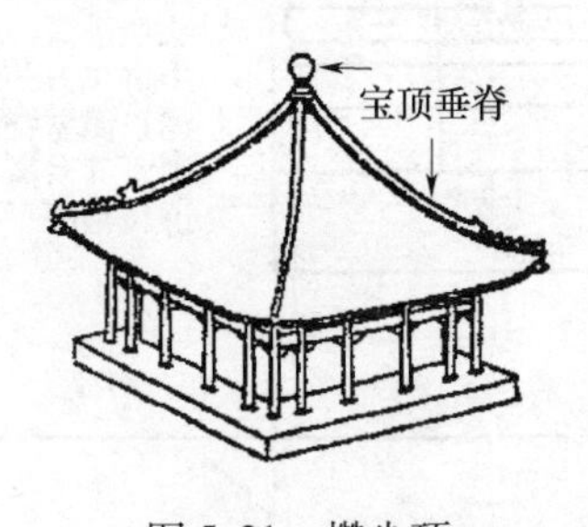

图 5.21　攒尖顶

8. 十字脊顶

一种屋顶形式，由两个歇山屋顶十字相交组成，可是单檐，也可是重檐，多层形式变化较多。

其他屋顶形式如勾连塔、扇面顶、组合顶，本书不再论述。

5.4　中式建筑屋顶瓦作

现在的中式建筑采用的是混凝土屋顶板，建筑构造设计和传统木结构有所不同。

1. 瓦材

瓦材有琉璃瓦、青筒瓦、小青瓦。

(1) 瓦材中的琉璃瓦等级最高，主要有黄、绿、蓝、黑等颜色。黄色琉璃瓦只能用于宫殿及皇帝钦定的寺庙，王府只允许使用绿色琉璃瓦，百姓不得使用琉璃瓦。琉璃瓦有多种，分别为筒瓦、板瓦（沟瓦）、勾头（瓦当）、滴子（滴水）、星星瓦（带钉孔瓦）、挡沟等。

（2）青筒瓦用于庙宇、官府等建筑，其瓦件基本同琉璃瓦。

（3）小青瓦用于一般房屋，瓦件较为简单，普通的只有盖瓦和沟瓦（通用），好一点的有瓦当和滴子，南方也有不用瓦当和滴子而用石灰加麻筋由泥瓦匠现场做“火镰扣”或“瓦头”的，用于排水和防止青瓦滑落，同时亦有装饰作用。

2. 混凝土屋面瓦作的做法

混凝土屋面板→20mm 厚 1∶3 水泥砂浆保护层→保温层（节能设计决定）→20mm 厚 1∶3 水泥砂浆保护层→高分子防水卷材一道→40mm 厚细石混凝土防水层 $\phi6@200mm\times200mm$ 钢筋网→1∶3 水泥砂浆卧瓦层（内配 $\phi6@500mm\times500mm$ 钢筋网）→琉璃瓦（青筒瓦）。

中国古代寺庙屋顶组合示例见图 5. 22。

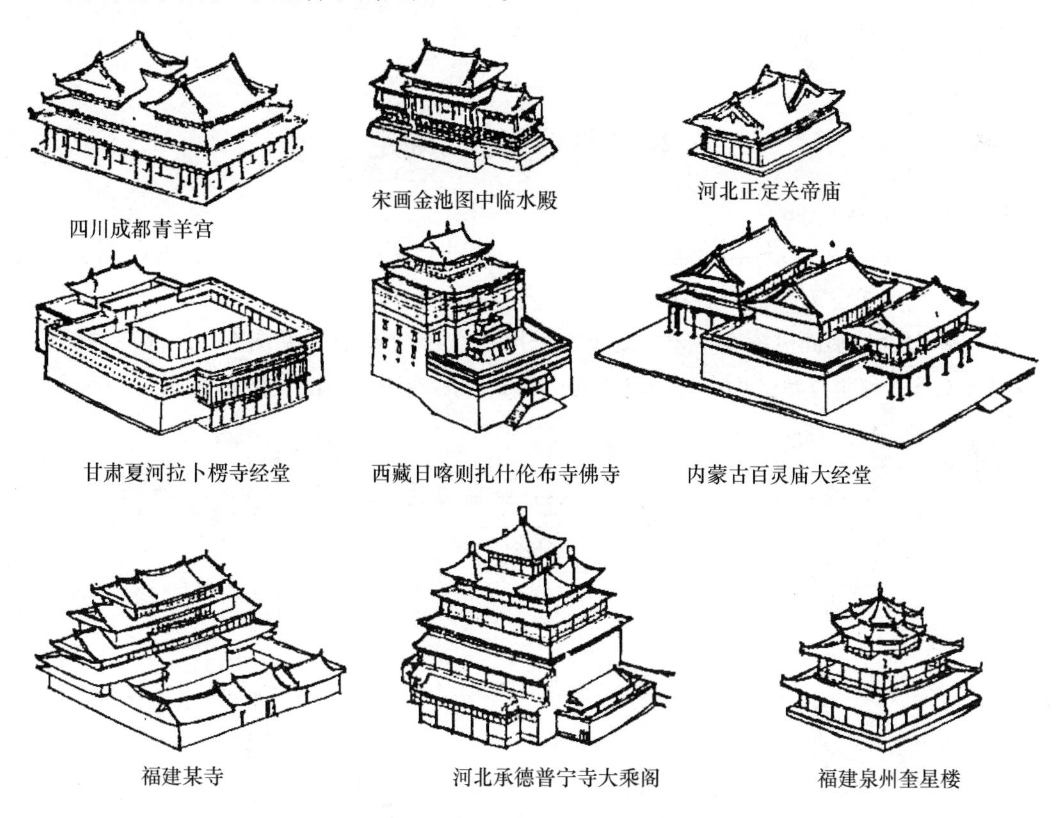

图 5. 22　中国古代寺庙屋顶组合示例

第6章　立面设计

6.1　立面图的设计依据

（1）竖向：台明、窗台、门、檐柱、额枋（额梁）斗拱、檐口的高度。

（2）横向：面阔、开间（柱距）、台明宽、上出檐宽（含冲出、起翘）。

（3）屋顶：根据举架的曲线图确定檐口至屋脊的高度。根据屋脊的用料（成品脊、灰塑脊）确定屋脊的高度。

6.2　竖向尺寸的确定

1. 台明（台基）高度

殿堂至少450mm，以突出建筑的重要性，根据建筑的重要性，有些台明高度达900mm。一般小式建筑台明控制在450mm以内，不小于150mm。

小式硬山台基平面见图6.1，九檩单檐庑殿、歇山台基平面见图6.2，台基各部位的名称见图6.3，台明月台剖面见图6.4，两山条石和后檐阶条石的宽度示意图见图6.5。

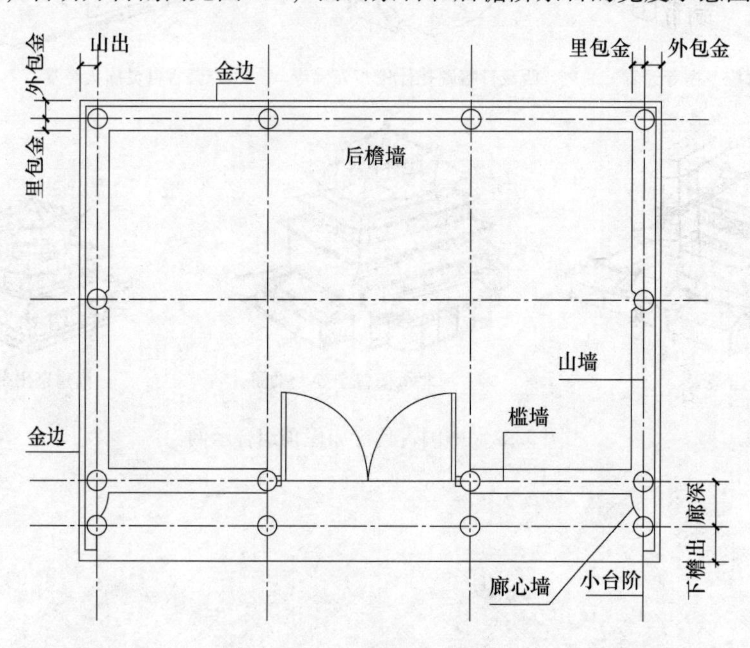

图6.1　小式硬山台基平面

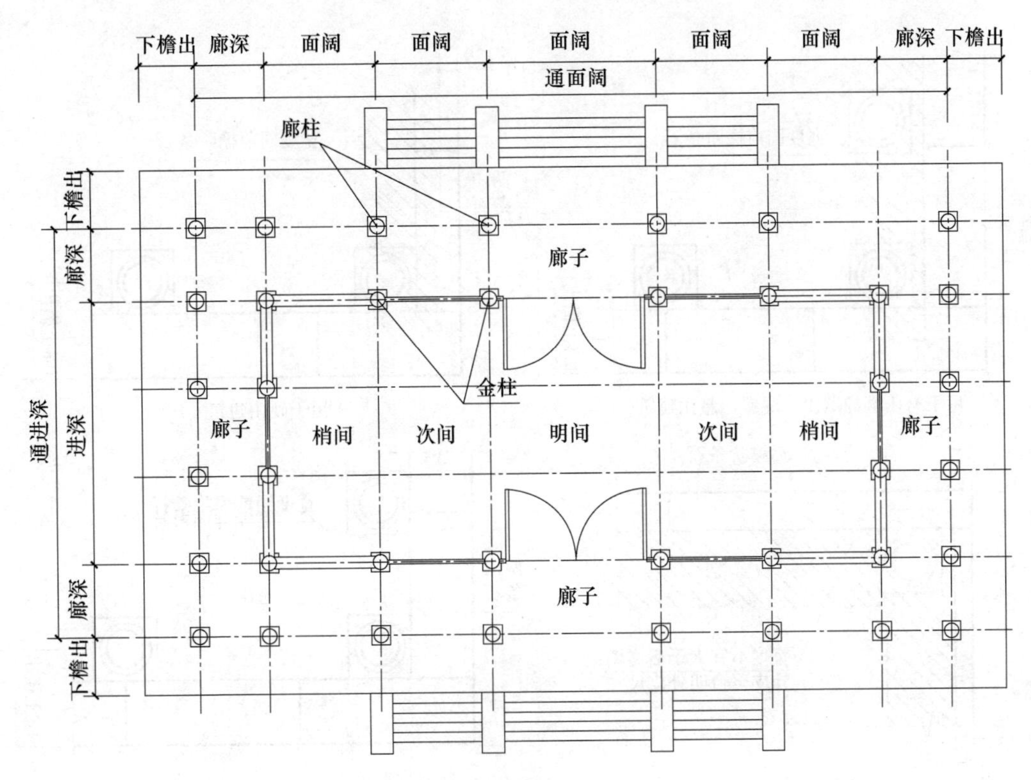

图 6.2 九檩单檐庑殿、歇山台基平面

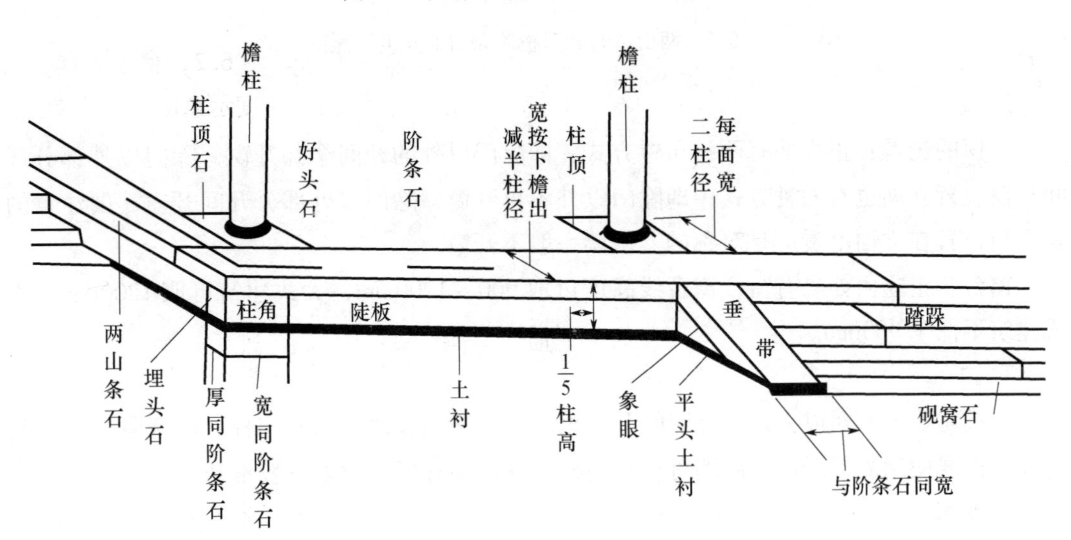

图 6.3 台基各部位的名称

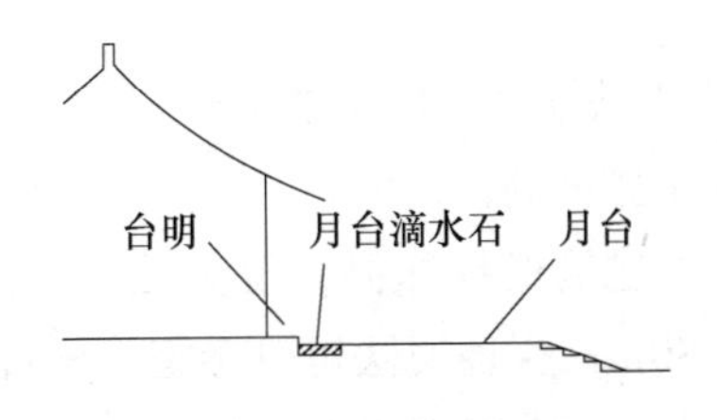

图 6.4 台明月台剖面

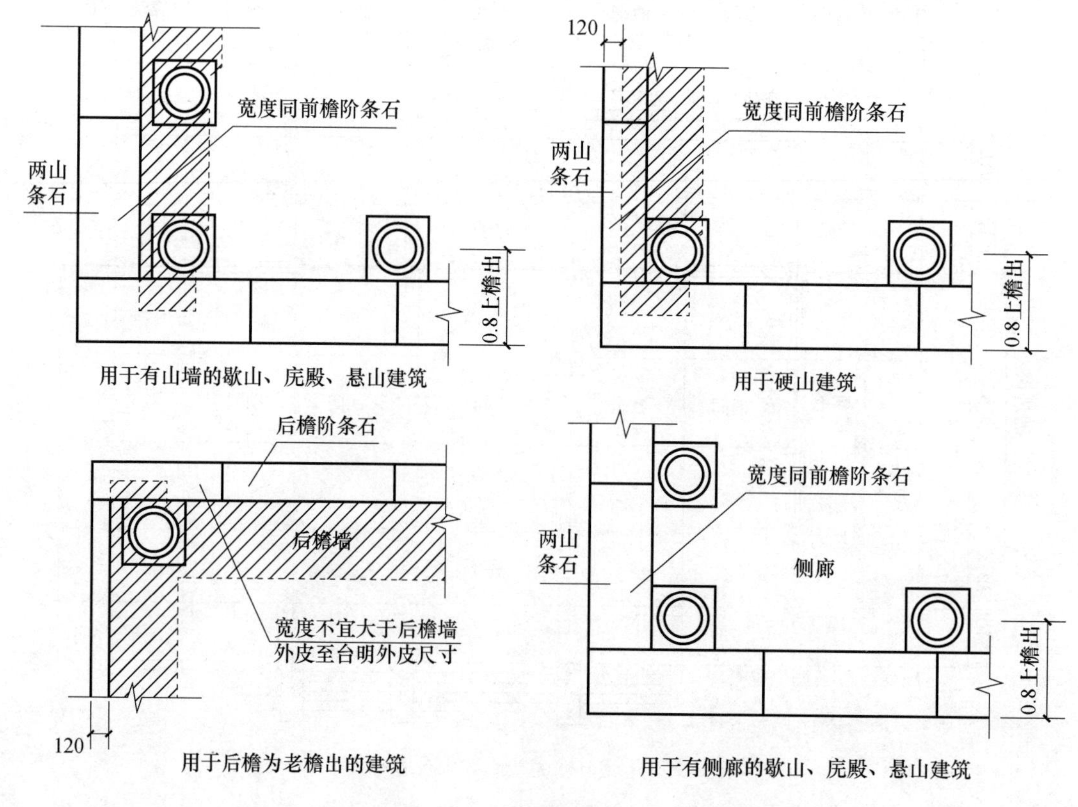

图6.5　两山条石和后檐阶条石的宽度示意图

2. 窗

开窗的位置：正立面有两种布置方式，即除门以外的开间全部开窗，除门以外部分开间开窗。背立面也有两种方式，即除门以外不再开窗，除门以外部分开间开窗。要注意的是开窗位置在立面上看应是对称的。山墙一般不开窗。

窗台：正立面如果有窗，窗台线高度可取900～1200mm，大式建筑可取1200mm，小式建筑不低于900mm。

3. 门

大式建筑五开间以上，可在明间开实榻门或在明间和两次间柱与柱之间开隔扇门。其余开间根据使用需要开窗，后墙可在明间柱与柱之间开门。山墙一般不开门。

4. 檐柱

檐柱高度有两种：大式建筑和小式建筑。

（1）有斗拱的大式建筑

柱净高为从±0.00算起到斗拱下口、额枋的上口。

柱总高＝柱净高＋斗拱高＋檐檩高。

梁思成教授建议："有斗拱建筑檐柱净高，统一按60斗口，柱径按6斗口计算。"1斗口等于80mm，60斗口即4.80m。这种说法可供参考，实际上要根据建筑的整体比例来考虑，不可能三开间的建筑和九开间的建筑檐柱都一样高，4.80m只是一个参考。

《工程做法则例》规定："凡檐柱以面阔十分之八定高低，十分之七定径寸。如面阔一丈三尺得柱高一丈四寸，径九寸一分。"以此为参考，带廊建筑按明间面阔的 80% 定高，不带廊建筑按明间面阔的 70% 定高。

斗拱的采用在封建社会是代表主要社会地位和等级的。"亲王之居，不得用重拱。"明清时代，民用建筑是不能使用斗拱的。在当代的结构体系中，由于房屋结构的改进，斗拱已失去其传递荷载的作用，在现代结构的中式建筑，其只能成为装饰性构件。现在斗拱一般不在现场制作。设计者只需根据建筑的重要性、上出檐的多少，向厂家提要求，由厂家生产即可。

斗拱可根据使用方的要求进行设计，如果没有明确的年代要求，可选用明清的斗拱式样进行设计。

斗拱分单昂、重昂、单翘单昂、单翘重昂、重翘重昂等五种，斗拱高度：单昂最小，约 600mm 高；重翘重昂最高，约 1100mm。斗拱的下面是放在平板枋上的，平板枋的厚度为 100 ~ 150mm。在混凝土结构的情况下，可在额枋上口凸出"翼缘"作为平板枋，凸出额枋 80 ~ 100mm，和额枋同时浇筑即可。

（2）无斗拱的小式建筑

柱净高为 ±0.00 到额枋顶。

柱总高 = 柱净高 + 额枋顶至檐檩下口 + 檐檩高。

额枋顶至檐檩下口可按 600 ~ 800mm 取值。

5. 上出檐檐口标高

其计算公式为

$$檐口标高 = 柱总高 - 0.5\ 檐步架$$

6. 正立面基线

正立面基线按图 6.6 ~ 图 6.9 绘制。

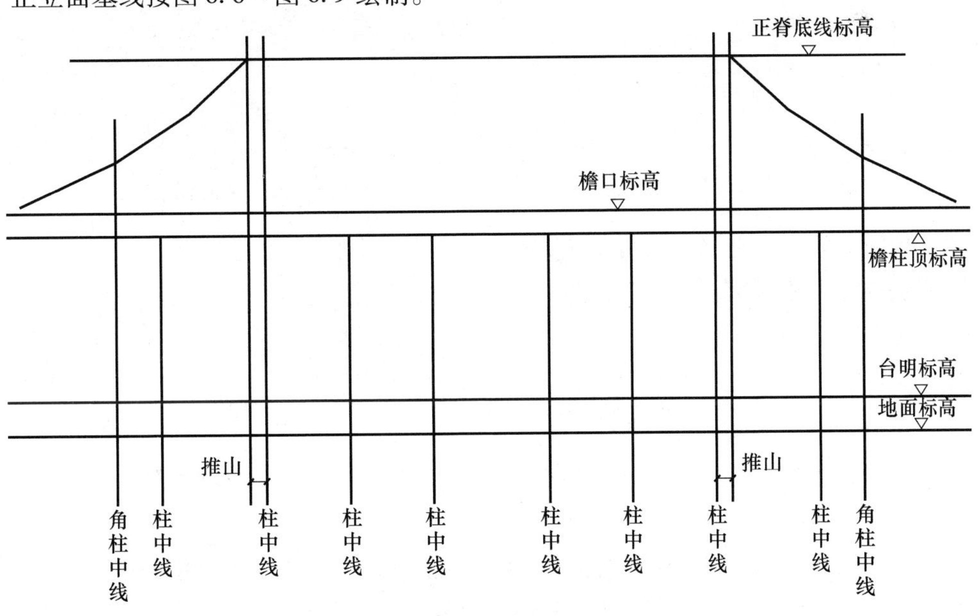

图 6.6 庑殿正立面图基线

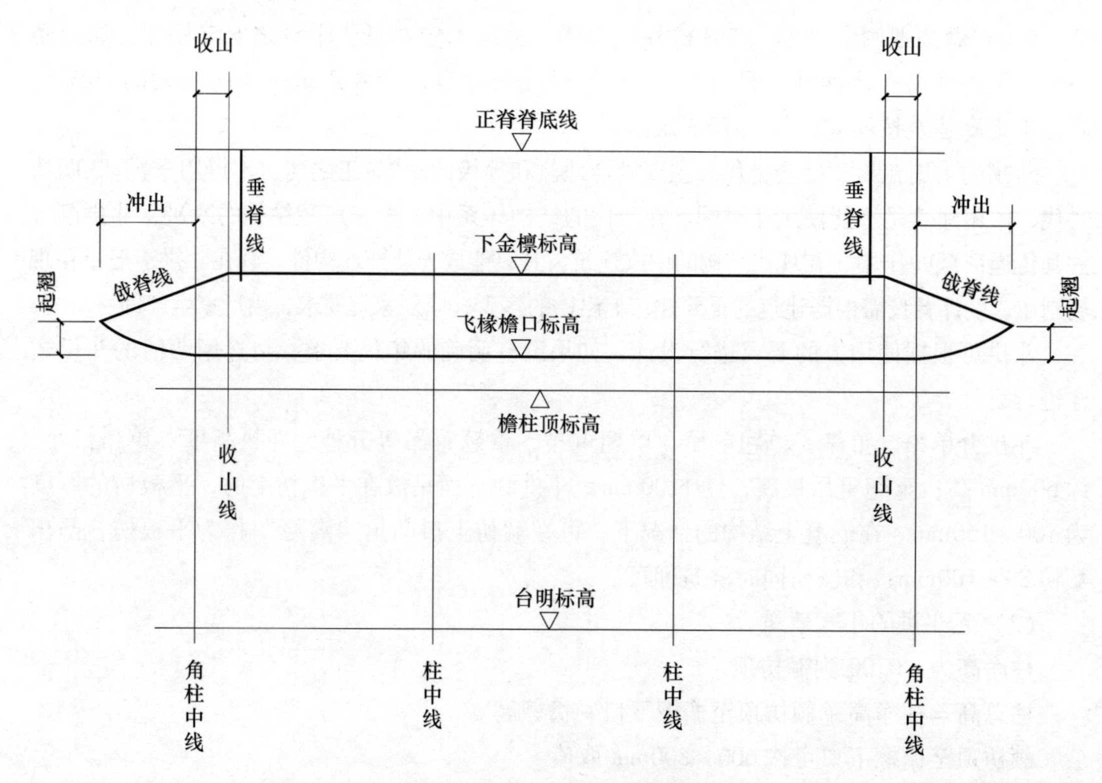

图 6.7　歇山正立面图基线

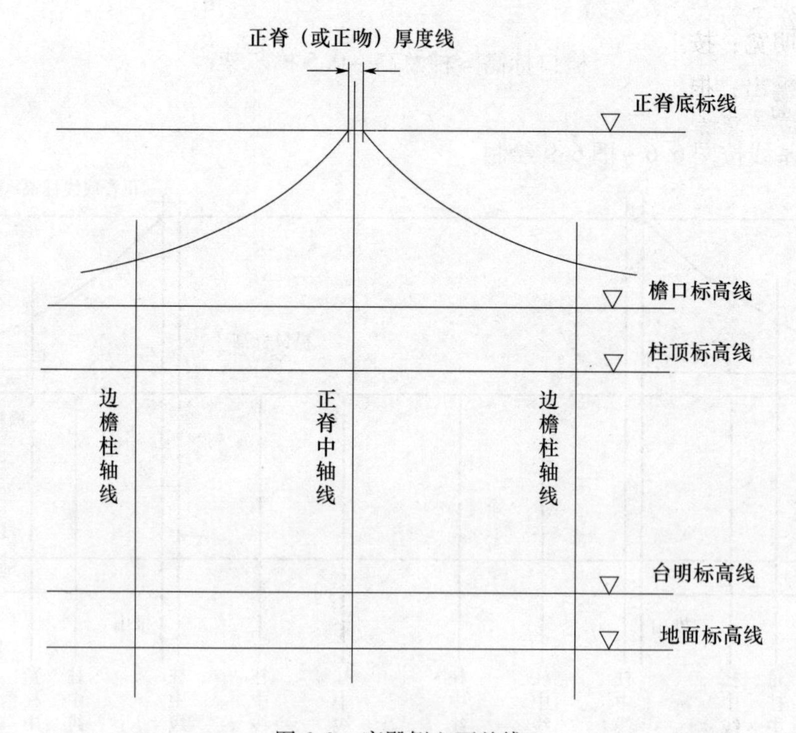

图 6.8　庑殿侧立面基线

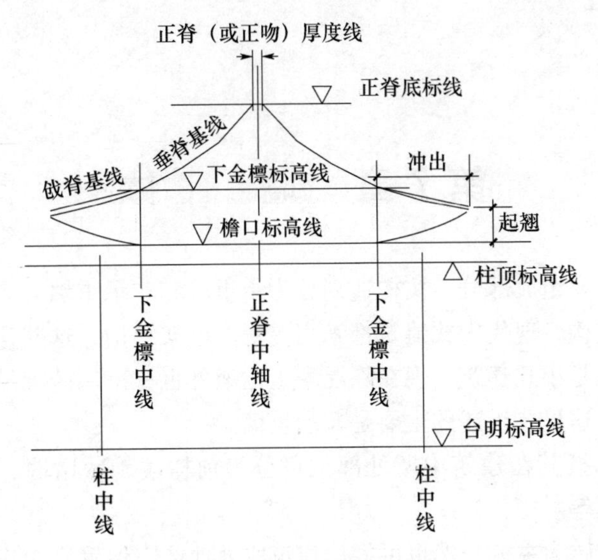

图 6.9 歇山侧立面基线

6.3 横向尺寸的确定（根据平面绘制）

（1）通面阔：各开间尺寸的总和。

（2）开间：正立面柱与柱之间的距离。

（3）台明宽：按上檐出的 80% 确定。

（4）上檐出：根据屋顶举架图确定。

侧立面尺寸的确定根据上述原则确定。

第7章　墙　　体

墙体是建筑的重要组成部分，按构造划分为承重墙和非承重墙。寺庙建筑的殿堂是大式建筑，都采用木结构，现代中式建筑都采用混凝土框架结构，这些建筑的墙体一般都是非承重墙。附属建筑是小式建筑，现在除混凝土框架外也有采用砖混结构的，这种情况下就可能存在承重墙，这里要讲述的主要是非承重墙。

寺庙建筑的墙体按其在建筑中所处部位可分为前檐墙、后檐墙、山墙、廊心墙、槛墙、扇面墙、隔断墙等。

墙体材料以黏土砖为主，当然也可根据建筑所处地区因地置宜使用当地常用材料。采用混凝土框架结构时，在框架梁上应采用轻质材料。

砖墙的砌筑古法有干楞墙、丝缝墙、淌白墙、糙砖墙、碎砖墙等。现在由于抗震、保温等要求，砌筑方式已有改变，墙体还要满足抗震构造和保温要求，墙体砌筑后（混水墙）外表面采用外墙面砖满足装饰要求，或抹灰后表面用乳胶漆、外墙漆、水性涂料等达到装饰效果。

墙体根据使用部位，有不同的名称，如图7.1所示。

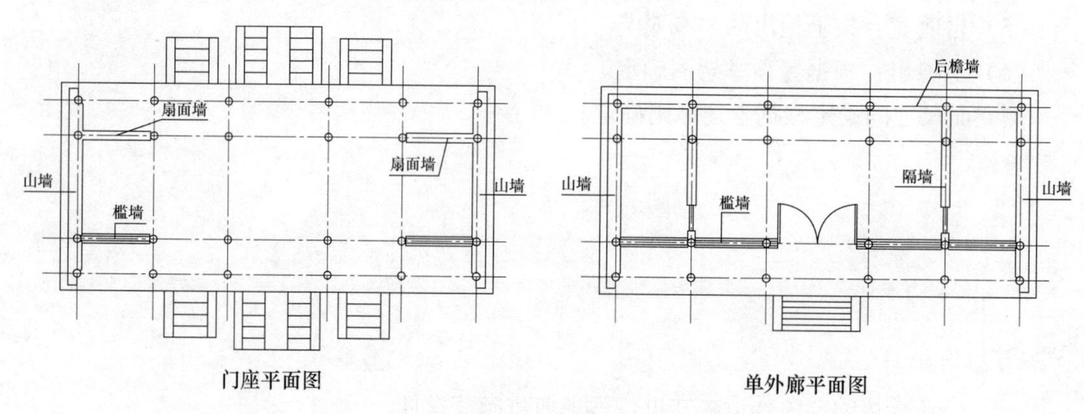

图7.1　房屋中的各种墙

槛墙：位于窗台下的矮墙。

扇面墙：位于前后廊金柱间的墙。

隔墙：位于室内柱与柱之间的墙。

山墙：位于房屋两端的墙体。

前、后檐墙：位于正、背立面檐柱或廊柱间的墙体。

7.1 墙体的构造尺寸

大式建筑的墙体构造尺寸可按图 7.2 设计。

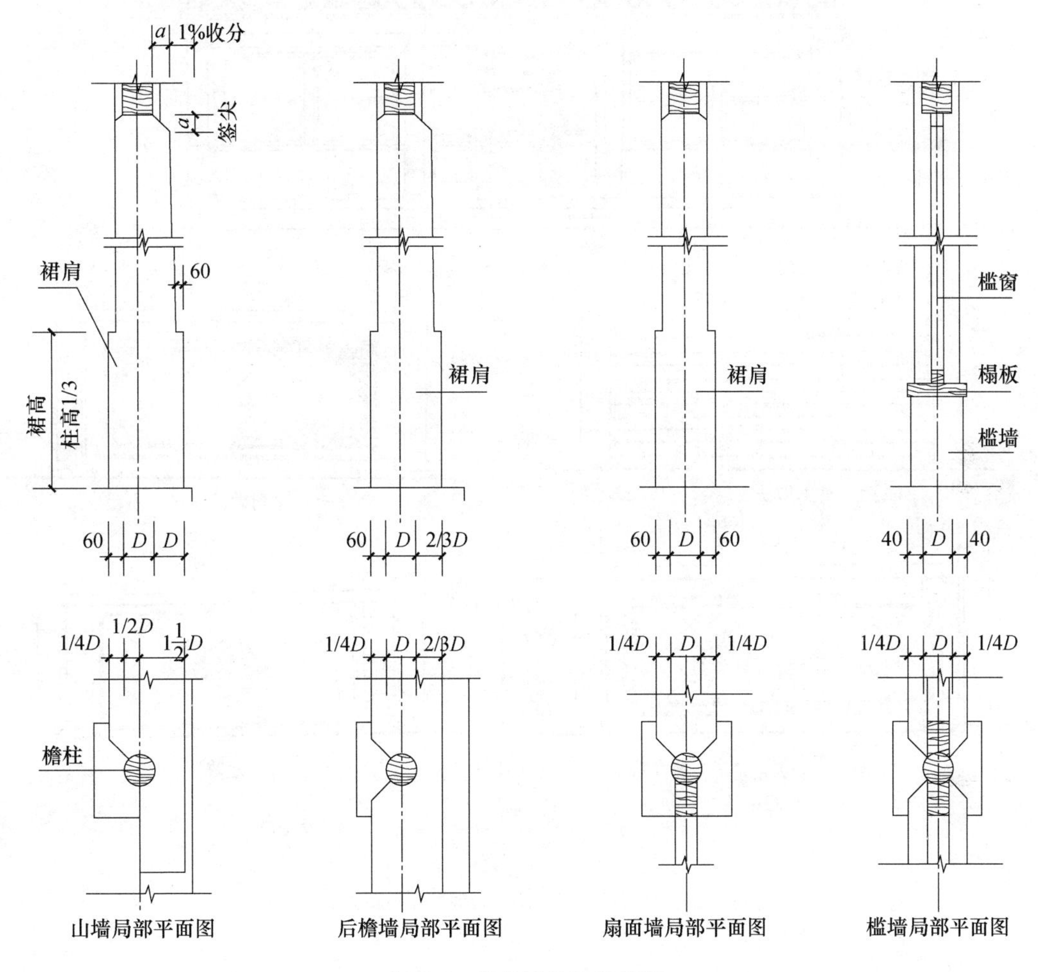

图 7.2 各类墙体构造尺度

一般小式建筑的墙体构造尺寸可按当地通行做法设计。

7.2 各类墙体

1. 槛墙

槛墙是地面至窗槛的墙体（图 7.3）。其两端与柱相交处外皮砌成八字，上口木榻板是用于固定窗扇。木榻板宽度可与墙平，或比墙宽出 3 ~ 5cm，宽出部分可做成方形或圆弧形，木榻板厚度为 6 ~ 10cm。

槛墙外表面可用外墙面砖装饰成清水砖、岔角、海棠池、落膛等。

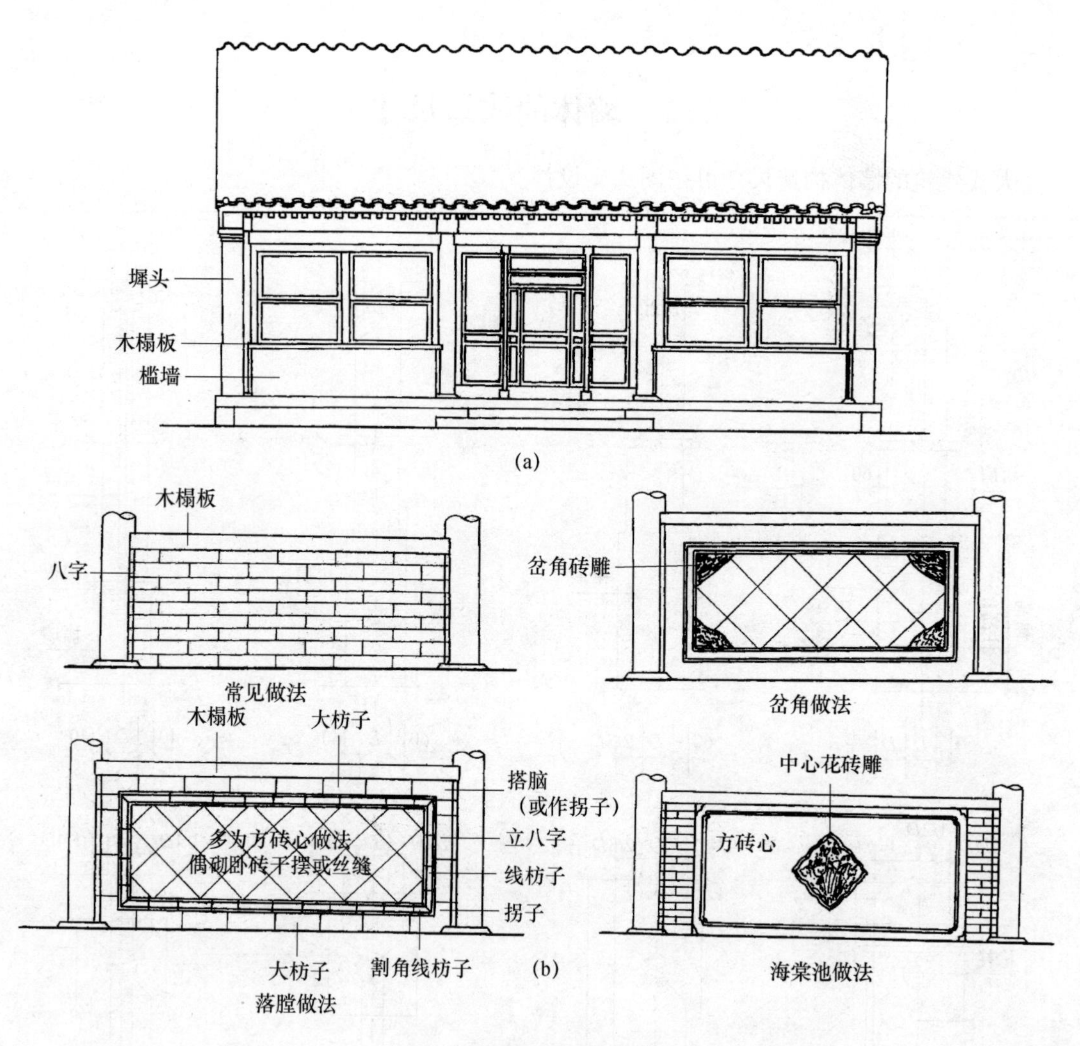

图 7.3 槛墙

(a) 槛墙示意图;(b) 槛墙的几种做法

2. 廊心墙

廊心墙(图 7.4)是有外廊的建筑在檐柱和金柱之间的墙体,檐柱之外可做墙腿或不做,墙腿宽度在台明线向内退 12 ~24cm。

廊心墙内侧可用外墙面砖贴成“廊心”,式样可参照槛墙,外侧装饰同外墙。

廊心墙上可开门洞,用于连接外廊与相邻连筑的连廊,做通道使用,所开门洞称为“吉门”。

3. 前后檐墙

前檐墙一般用于小式建筑,可参照普通砖墙设计,扇面墙可参照前檐墙设计,厚度为 240mm 即可。

后檐墙古式做法是将檐柱包砌,其作用是防火,采用混凝土柱时墙体可做得薄一些,可露出柱子或将柱子包裹。

图 7.5 为老檐出后檐墙,图 7.6 为封后檐墙。

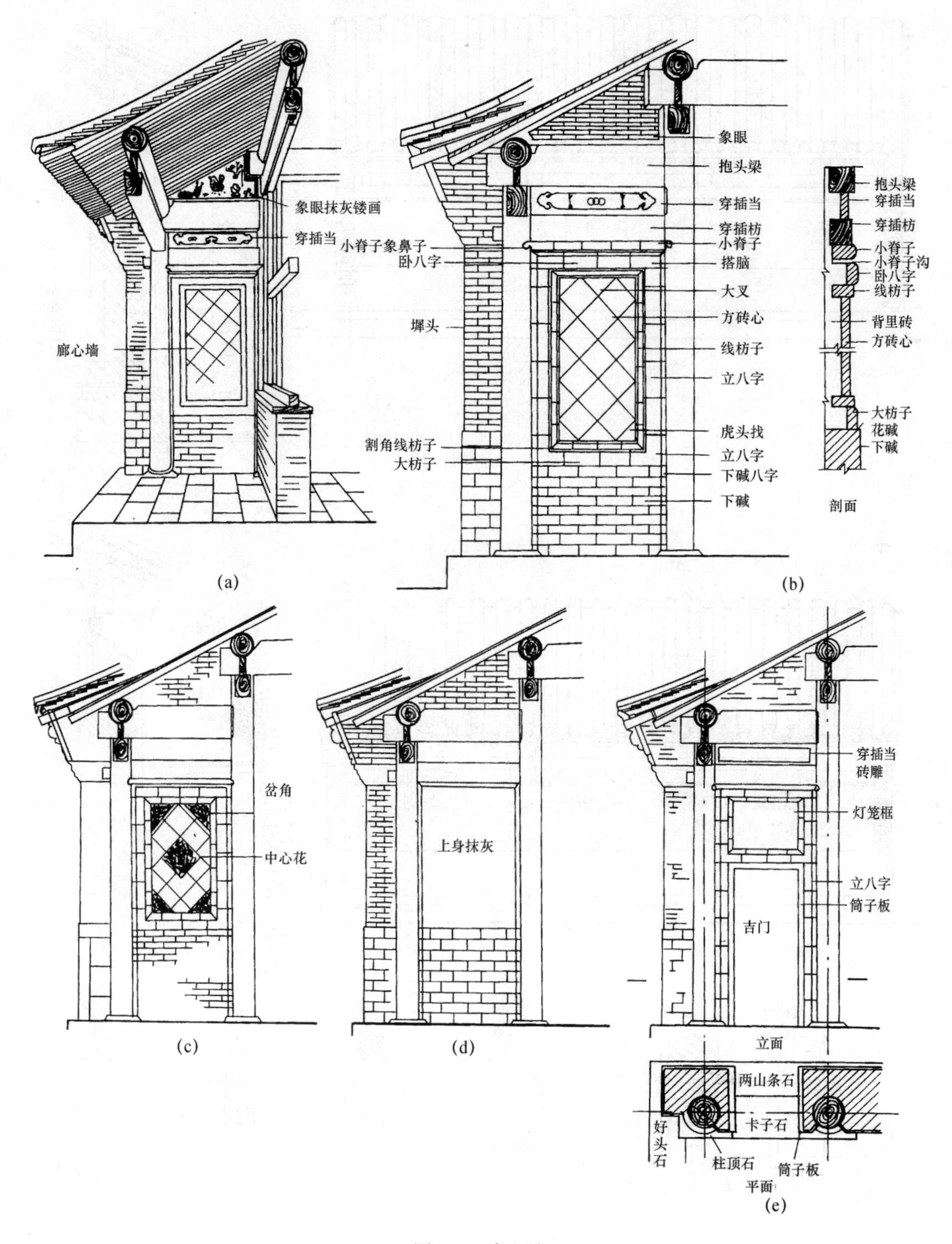

图 7.4 廊心墙

（a）廊心墙透视；（b）方砖心做法廊心墙；（c）中心四岔做法廊心墙；（d）抹灰做法廊心墙；（e）廊门筒子板做法廊心墙

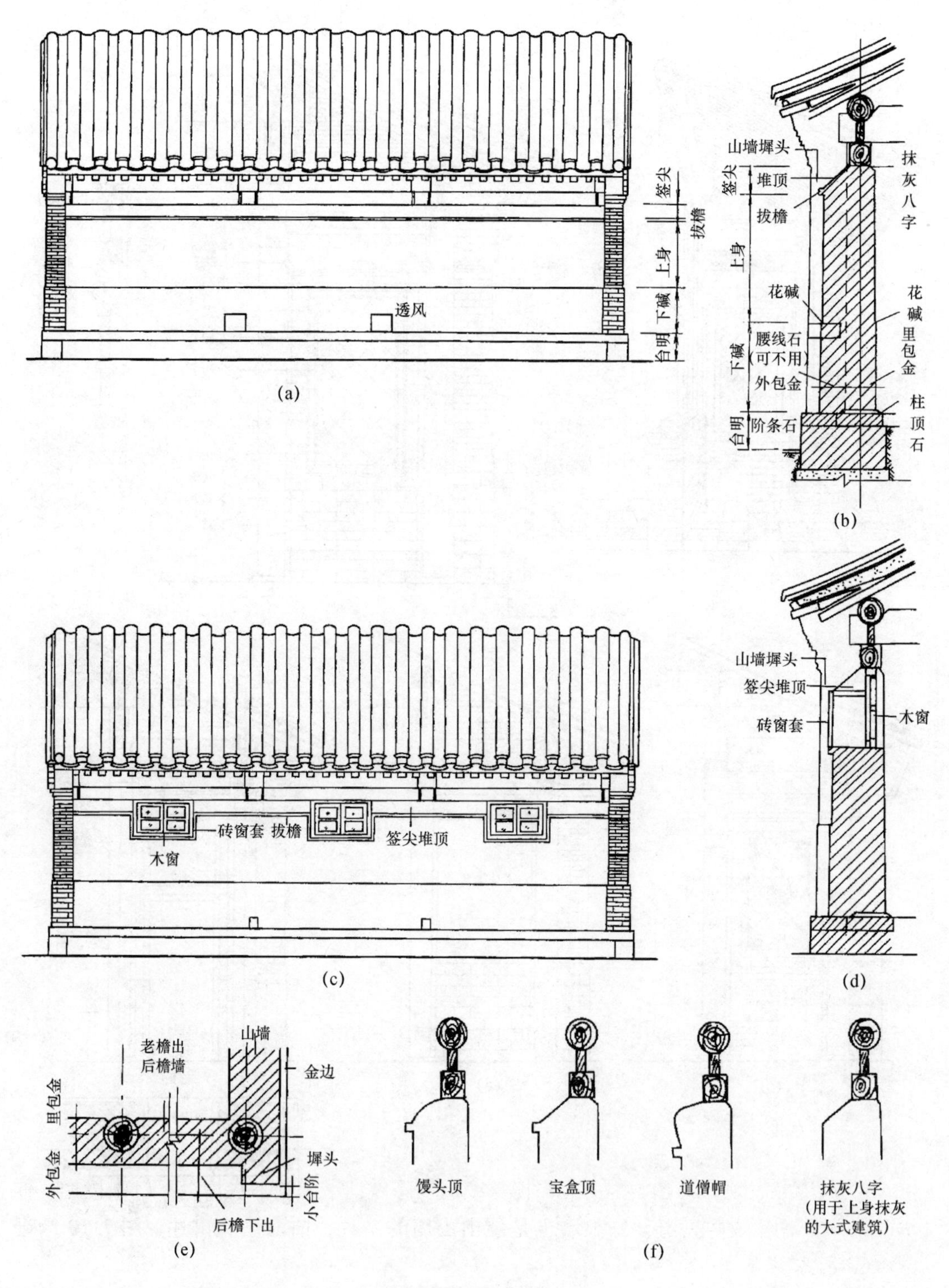

图 7.5　老檐出后檐墙

（a）无窗的老檐出后檐墙；（b）无窗的老檐出后檐墙剖面；（c）有窗的老檐出后檐墙；（d）有窗的老檐出后檐墙剖面；（e）老檐出后檐墙平面；（f）签尖的几种式样

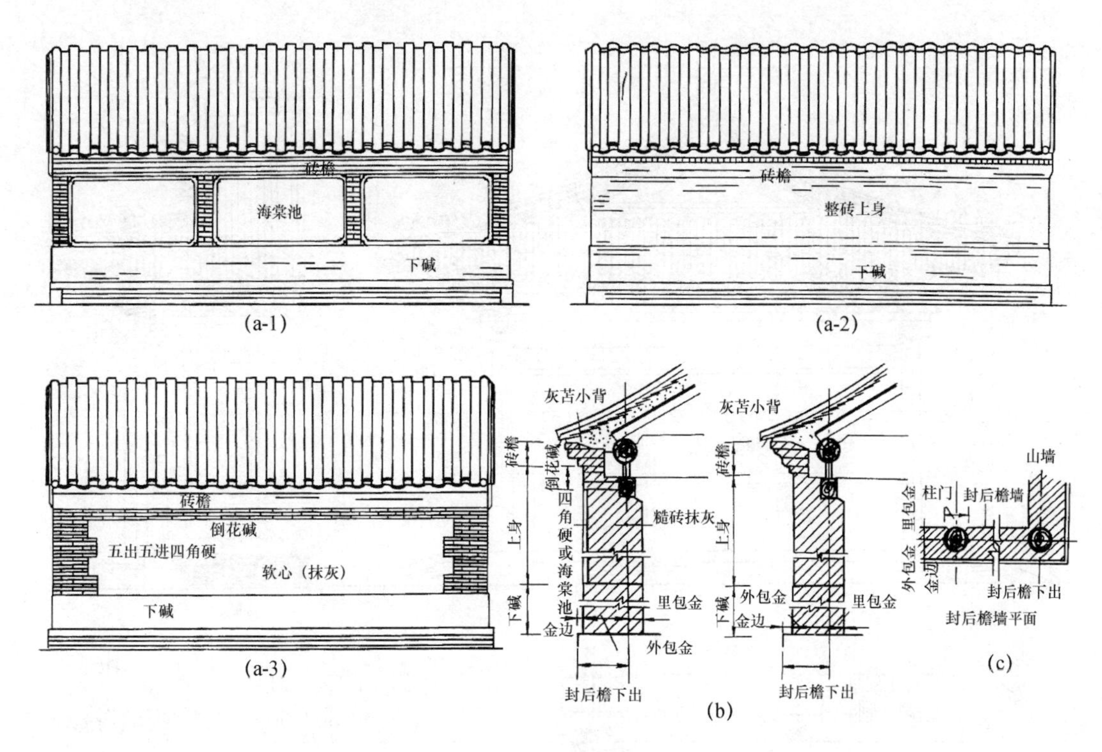

图 7.6　封后檐墙

（a-1）、（a-2）、（a-3）封后檐墙的几种做法；（b）封后檐墙的两种剖面形式；（c）封后檐墙平面图

4. 山墙

由于屋顶的形式不同，山墙也随之变化，有庑殿山墙、歇山山墙、悬山山墙、硬山山墙。

（1）庑殿、歇山山墙

可分为三部分：①腰线石以下为下碱（裙肩、下肩）。这一段高度为檐柱的 1/3。②腰线以上至拔檐为上身，可在腰线石上口后退 3～6cm 砌筑，也可齐平。拔檐厚度为 6cm。③拔檐以上做八字斜坡，叫签尖（墙肩）。

歇山山墙见图 7.7。

（2）悬山山墙

山墙砌至梁底形式同歇山山墙，梁以上，梁间用砖填充，梁面露出墙体 3cm。还有一种做法叫五花山墙，在梁底以上做成踏步式，每一步架收一台，每一台面有签尖拔檐。

图 7.8 为角柱与山墙连接的几种形式，图 7.9 为悬山山墙的形式。

（3）硬山山墙

山墙顶部与屋顶齐平，顶部有方砖博缝或用小砖做顺水博缝，在博缝下口做拔檐，伸出墙面 6cm，用于支撑博缝。封火墙也是硬山山墙的一种，前面已有讲述。图 7.10 为硬山山墙的形式。

5. 墀头

墀头是硬山建筑山墙墙角向外伸出的部件，其伸出长度一般为 24cm 左右。上段做法叫盘头，盘头为 5～6 层砖，逐层挑出（每层挑出 6cm），盘头上安装戗檐砖，戗檐砖可以是平砖，也可用砖雕或灰塑。戗头略向外倾斜。图 7.11 为墀头构造，图 7.12 为墀头形式。

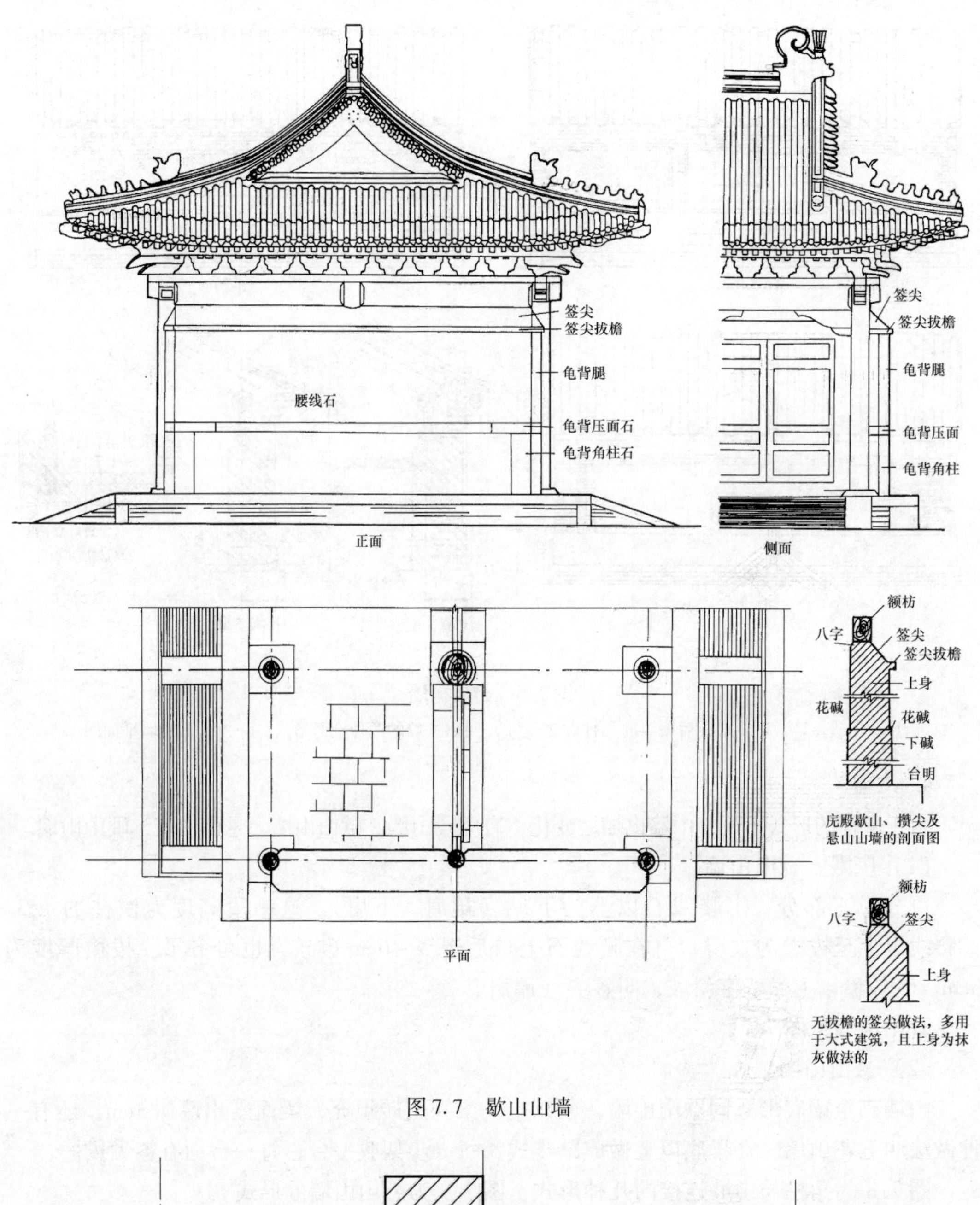

图 7.7　歇山山墙

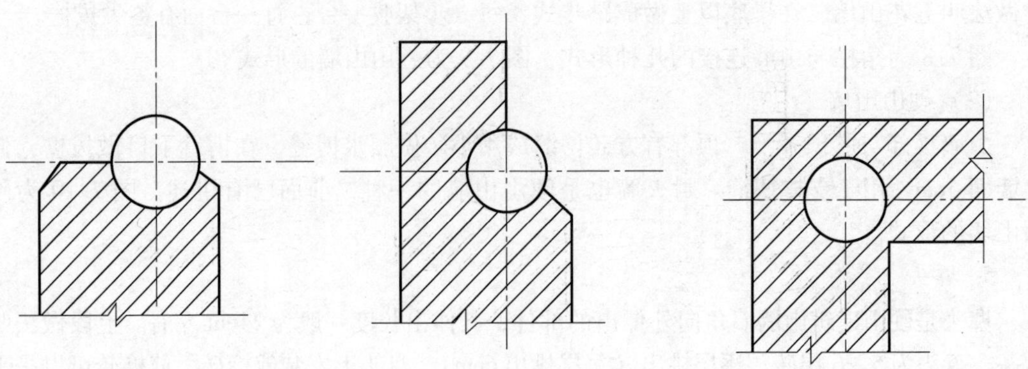

图 7.8　角柱与山墙连接的几种形式

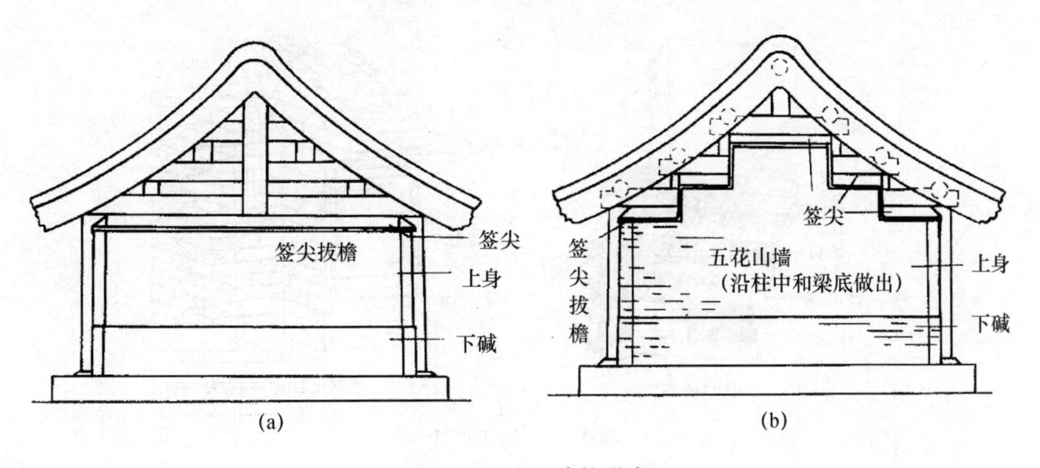

图 7.9 悬山山墙的形式

（a）普通悬山山墙；（b）悬山五花山墙

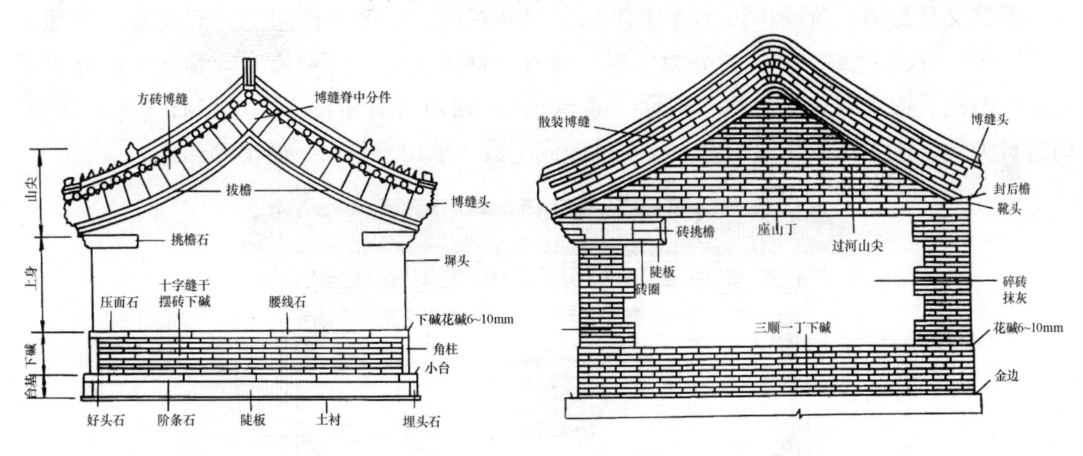

图 7.10 硬山山墙的形式

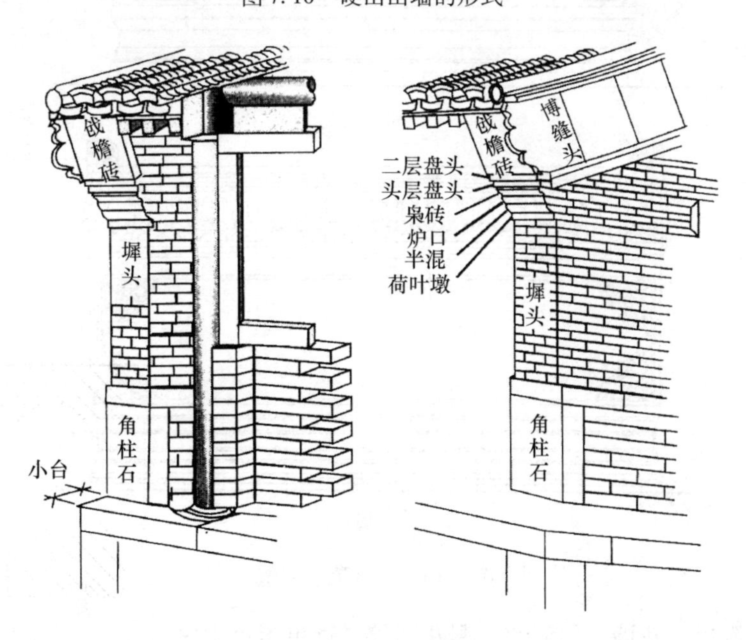

图 7.11 墀头构造

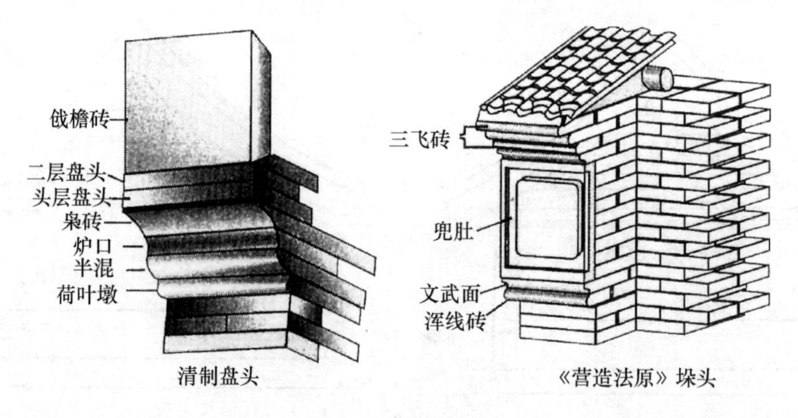

图 7.12　墀头形式

6. 照壁

照壁又称影墙、萧墙，位于寺庙建筑大门外对面，起屏障作用。其形式有一字照壁（图 7.13）、八字照壁。其构造分为壁座、壁身、壁顶三部分。壁座有须弥式，出檐可用石材或砖砌。壁身四边有边框，俗称“茶盘框”，四角可有角饰，壁心可有砖雕、灰塑，内容可为佛、道、福或花鸟图案。壁顶可做成庑殿、歇山、悬山、硬山等形式。

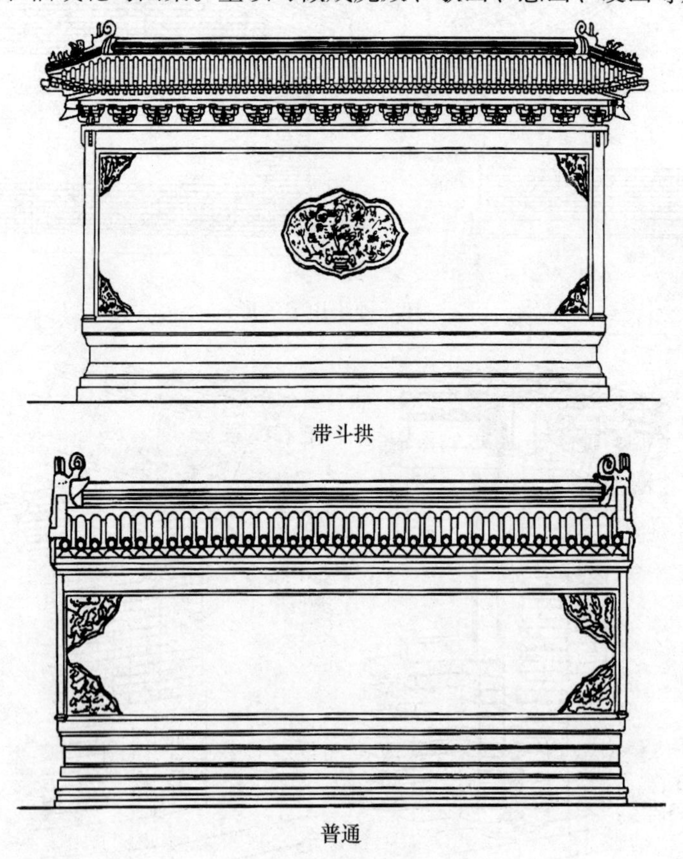

图 7.13　一字琉璃照壁

墙体还有院墙、花墙、门洞墙、漏花墙等，这里不再讲述。

第8章　装　　修

装修分外檐装修和内檐装修。

装修属小木作，相对应的木架构就属于大木作。小木作和大木作同属木作（木工），但分工是不同的。一般来讲，小木作的工人做不了大木作的活儿，大木作亦然。

8.1　外檐装修

在檐柱间的外檐装修称檐里安装，在金柱间的称金里安装。

外檐装修构件包含实榻门、板门、隔扇门、槛窗、支摘窗、漏窗、栏杆、吊挂楣子（挂落）、花牙子、座凳楣子、垂花柱、雀替、斜撑等。

这些构件现在一般都在工厂制作，全机械化生产，质量有保证，加之工厂生产前木材经过定型处理，今后构件不易变形，设计时只需提出形状、规格、尺寸，工厂就能按要求生产，十分方便。但设计人员要知道构造件中的部件名称、式样。

1. 大门（实榻门、板门）

大门主要是寺庙的山门和附属建筑（如方丈院、院墙等）的大门。

（1）大门的构成

大门由门框、抱框、余塞板、门扇、下槛（门槛）、中槛、走马板、上槛组成。余塞板的作用是调整宽度，走马板的作用是调整高度。固定门扇的构件有门枕，门枕上有海窝，用于固定门扇下转轴，连楹上有孔，用于固定门扇的上转轴。门簪的功能类似妇女的发簪，用来连接上槛、连楹。门簪的配置至少两个多则四个，成对配置。门簪常被美化成多角形、圆形、花瓣形，成为门上的装饰。

（2）门扇的构成

门扇由扇框、门心板、门栓、门钉、铺首（门钹）构成。门扇上的门钉使用和颜色是有礼制的。宫殿的大门用红门金钉金铺首。九九八十一枚门钉；王府、官府用丹漆金钉，铜铺首。九行七列六十三枚门钉；公主府大门绿门铜钉，铜铺首。九行五列四十五枚门钉等。等级分明。

关于“铺首”是有故事的：铺首做成兽面形，被称为“椒图”，是龙的九子之一。形似螺蛳，好闭口，取其紧闭以求平安之意。

根据礼制，规格较大、等级较高的寺庙山门可参照宫殿大门设计。其余大门根据其使用部位采用，普通大门不采用门钉，铺首采用铜制即可。

（3）门的尺寸

按古制，门的尺寸要符合“门光尺”的吉数。为方便设计，这里采用公制和建筑模数确定门扇的洞口尺寸：

门宽：1. 2m、1. 5m、1. 8m、2. 1m、2. 4m、2. 7m、3. 0m。

门高：2. 1m、2. 4m、2. 7m。

现在的大门是工厂制作的，材料有木料、铝材、塑钢和其他新型材料，设计人员只要提供洞口尺寸、门的形式给生产厂家即可。

如果业主向生产厂家提出要求，厂家可按“门光尺”要求生产制作。

（4）门的下槛（门槛）

门槛一般做法为木制，高度在300mm以下，也有更高一些的，建筑等级越高，门槛越高，宽度在150mm左右。如用于山门因有车辆进出，可做成“闸板式”门槛，在门枕石上开槽用于放置门槛，有车辆通行时将门槛提出。门槛也有石材制作的，主要用于山门，石制门槛尺寸较木制的要大一些。

大门装修示例见图8. 1，大门铜铁饰件图见图8. 2。

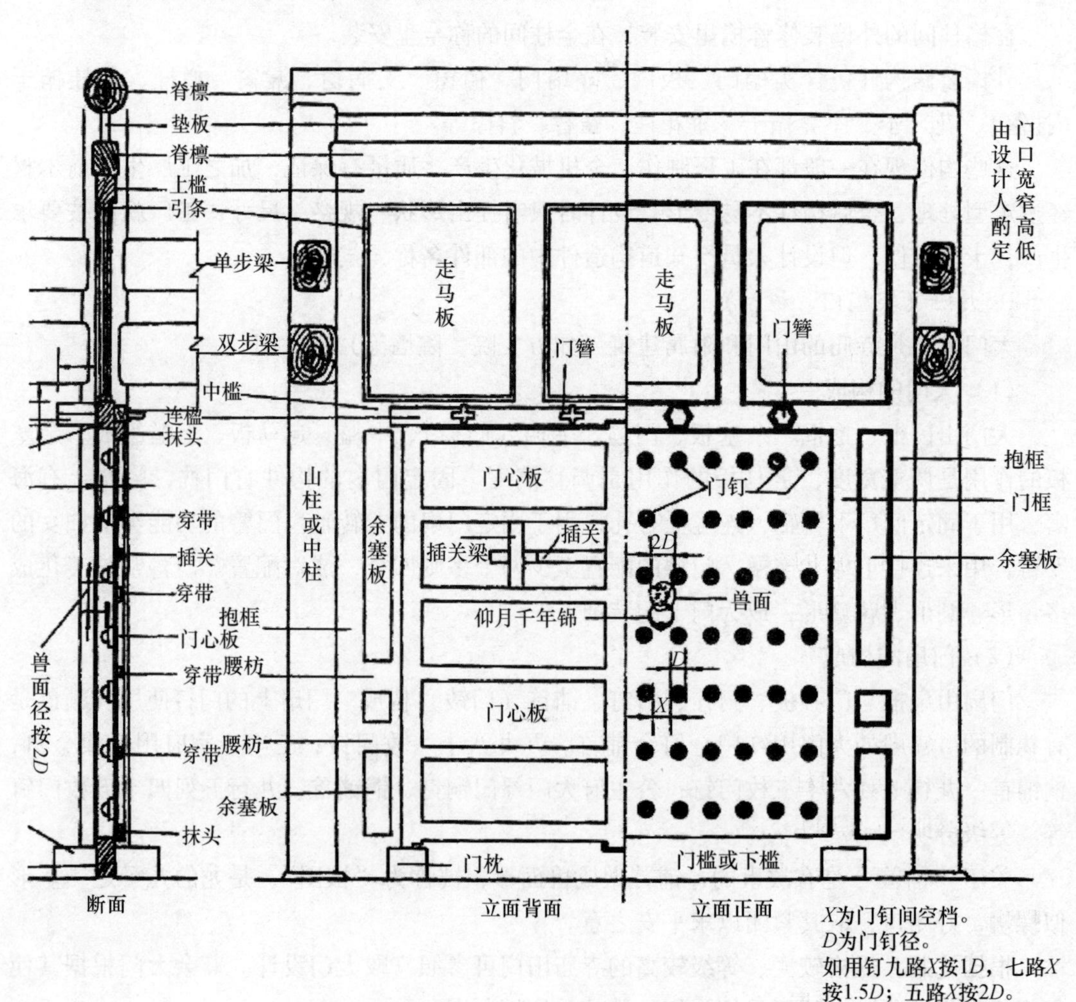

图8. 1　大门装修示例

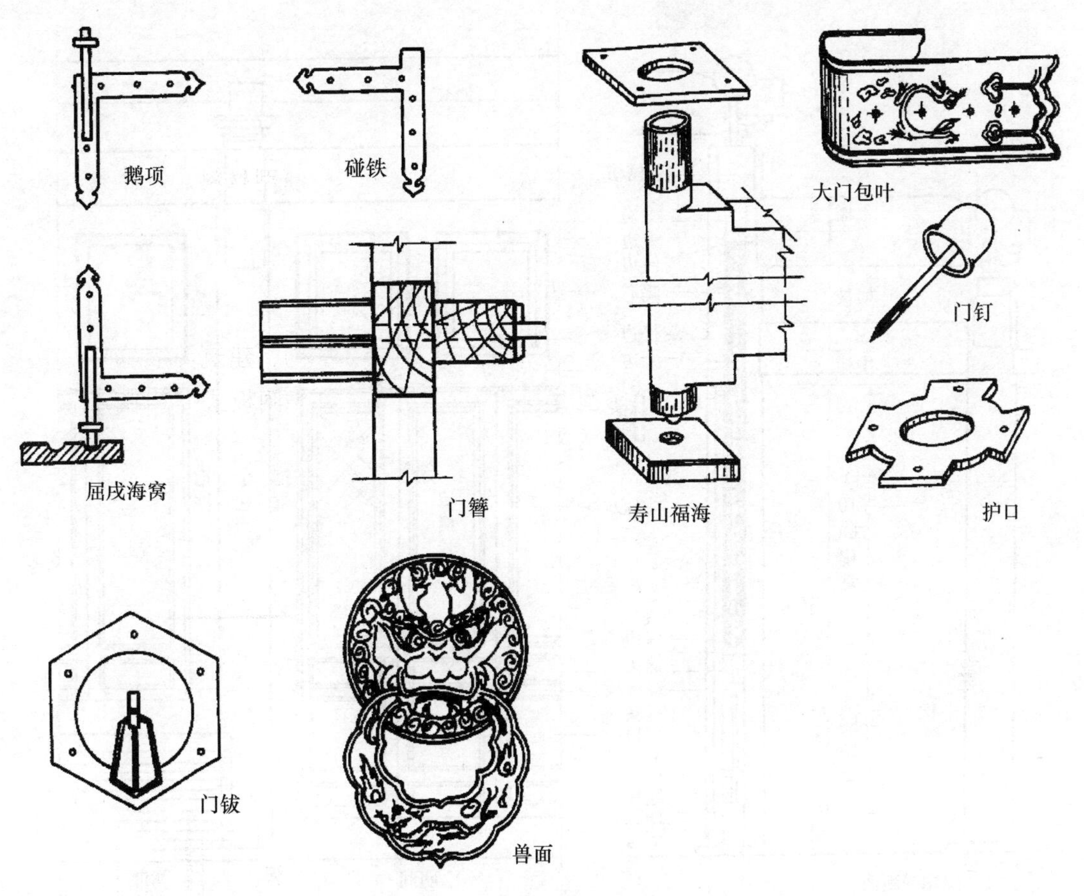

图 8.2 大门铜铁饰件图

2. 隔扇门

安装于房屋金柱或檐柱间带格的门称隔扇门。隔扇分为外檐隔扇和内檐隔扇，内檐隔扇又称“壁纱橱”，主要用于面阔或进深的柱间。

隔扇（图 8.3）的构造：隔扇的立框称为边梃，横框称抹头，每扇至少有上下两抹头，还有三、四、五、六抹头的。平常多用以四抹头、五抹头。以五抹头为例，抹头间从上而下为扇心、绦环板、夹堂板、裙板。扇心是采光部位，占总高的 3/5，每扇门的高宽比为 4：1 ~ 3：1。

门扇的高度：一般为 2.1m、2.4m、2.7m。

门扇的宽度：每柱间可为四、六、八扇双数配置，一般中间两扇为开启扇（活扇），其余为固定扇（死扇），也可全为活扇。

门扇边梃上下两端单侧有门轴，在中槛（上槛）和下槛上有单楹、双楹（门碗）用于固定门轴。

门槛：门槛和大门门槛相似但高度要小一些，一般高度小于 150mm，宽度同门框。

高度的调整：隔扇门安装在檐枋和门槛之间，而檐枋一般高度都在 3.5m 以上，那么中槛和檐枋之间就有高差，这个高差用“横披”（花窗）来调整。横披窗见图 8.4。

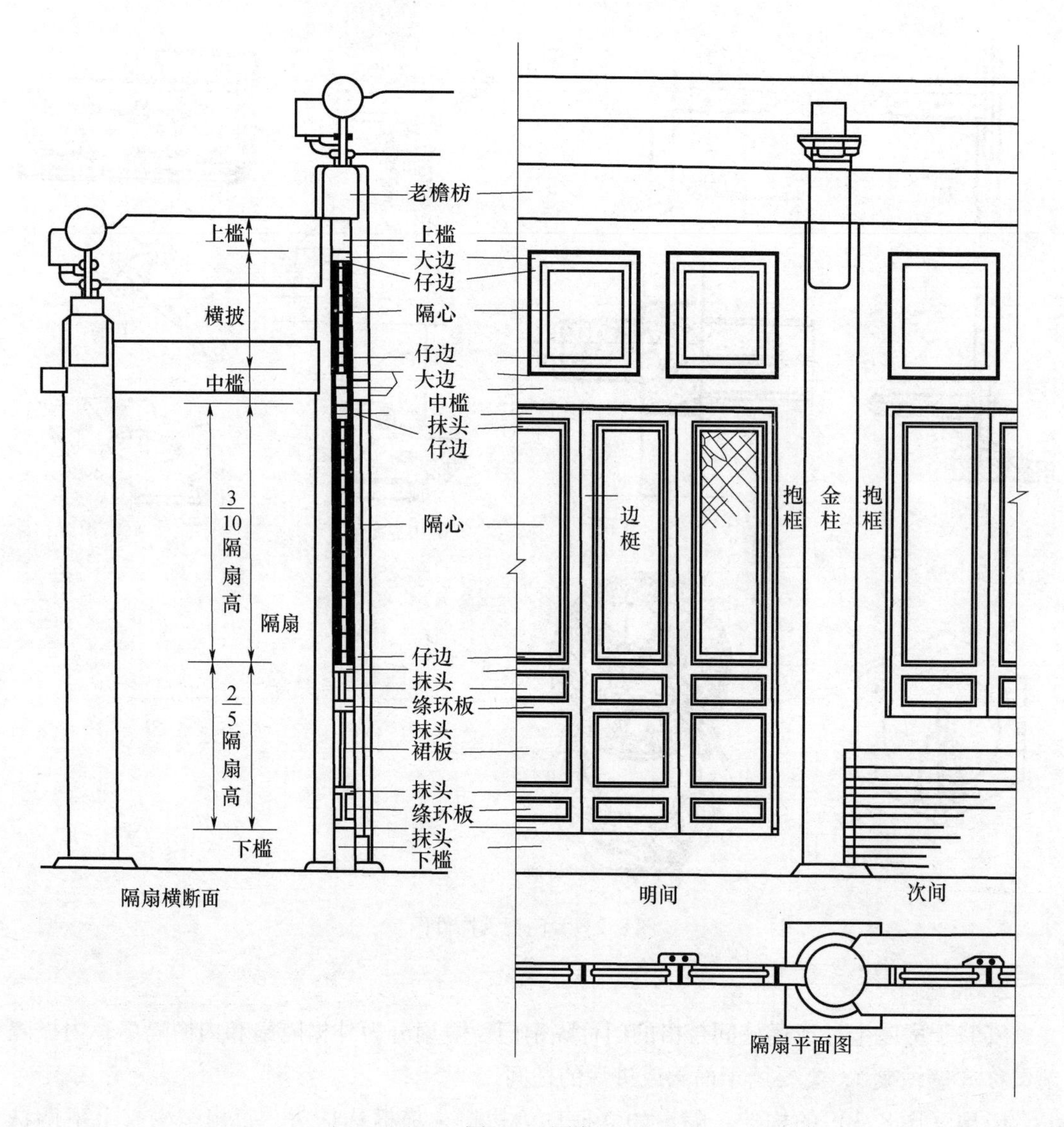

图8.3 隔扇

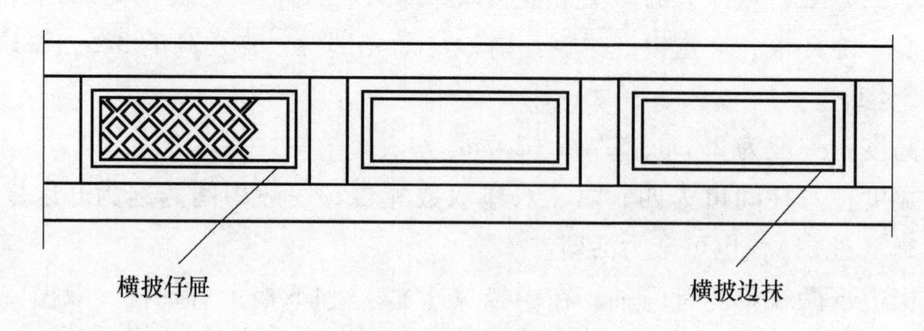

图8.4 横坡窗

现在隔扇也是工厂制作，本书提供一些式样供设计者选用，见图8.5~图8.8。

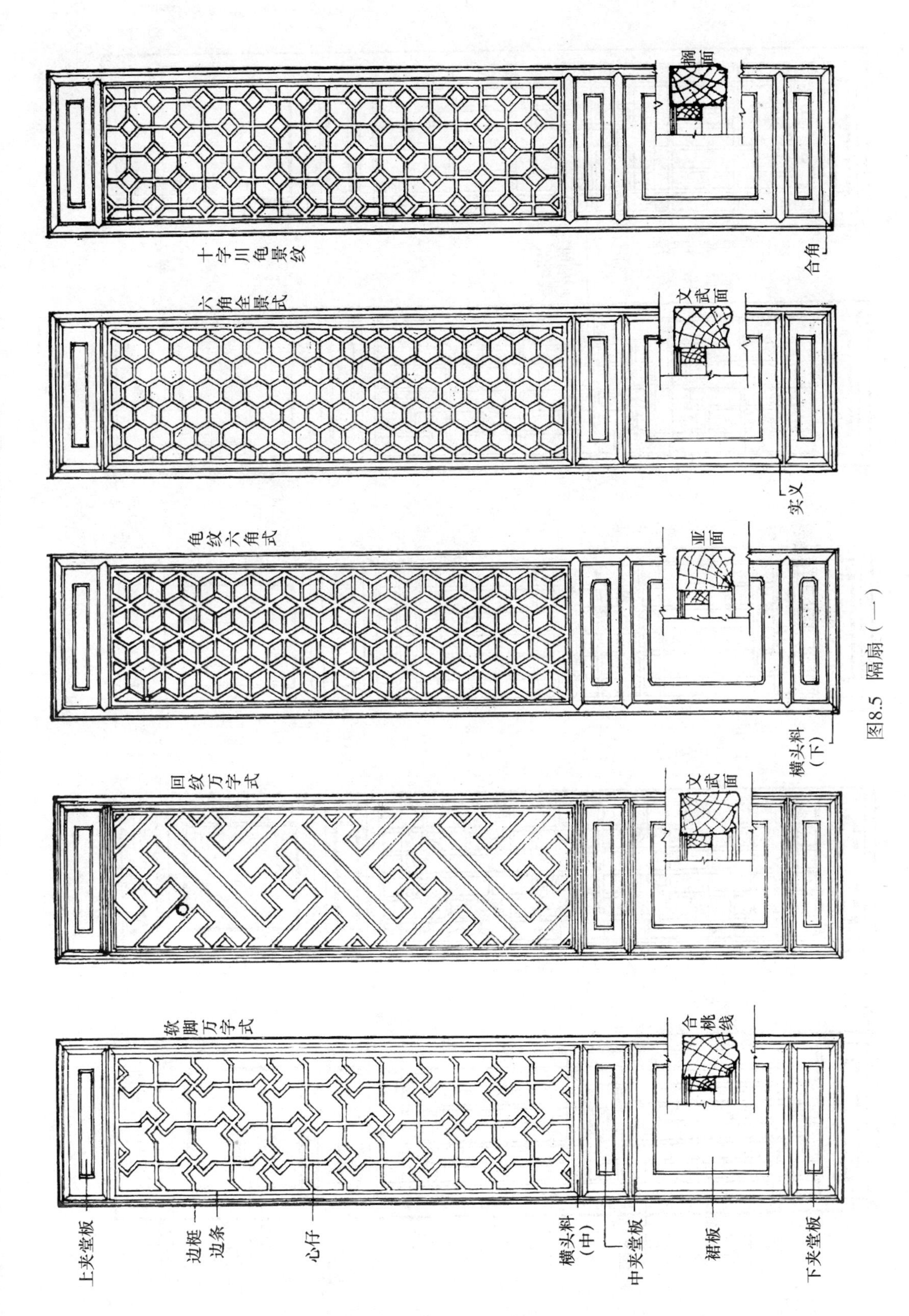
十字川龟景纹
六角全景式
龟纹六角式
回纹万字式
软脚万字式
文武面
亚面
文武面
合桃线
合角
实叉
横头料（下）
上夹堂板
边梃
边条
心仔
横头料（中）
中夹堂板
裙板
下夹堂板

图8.5 隔扇（一）

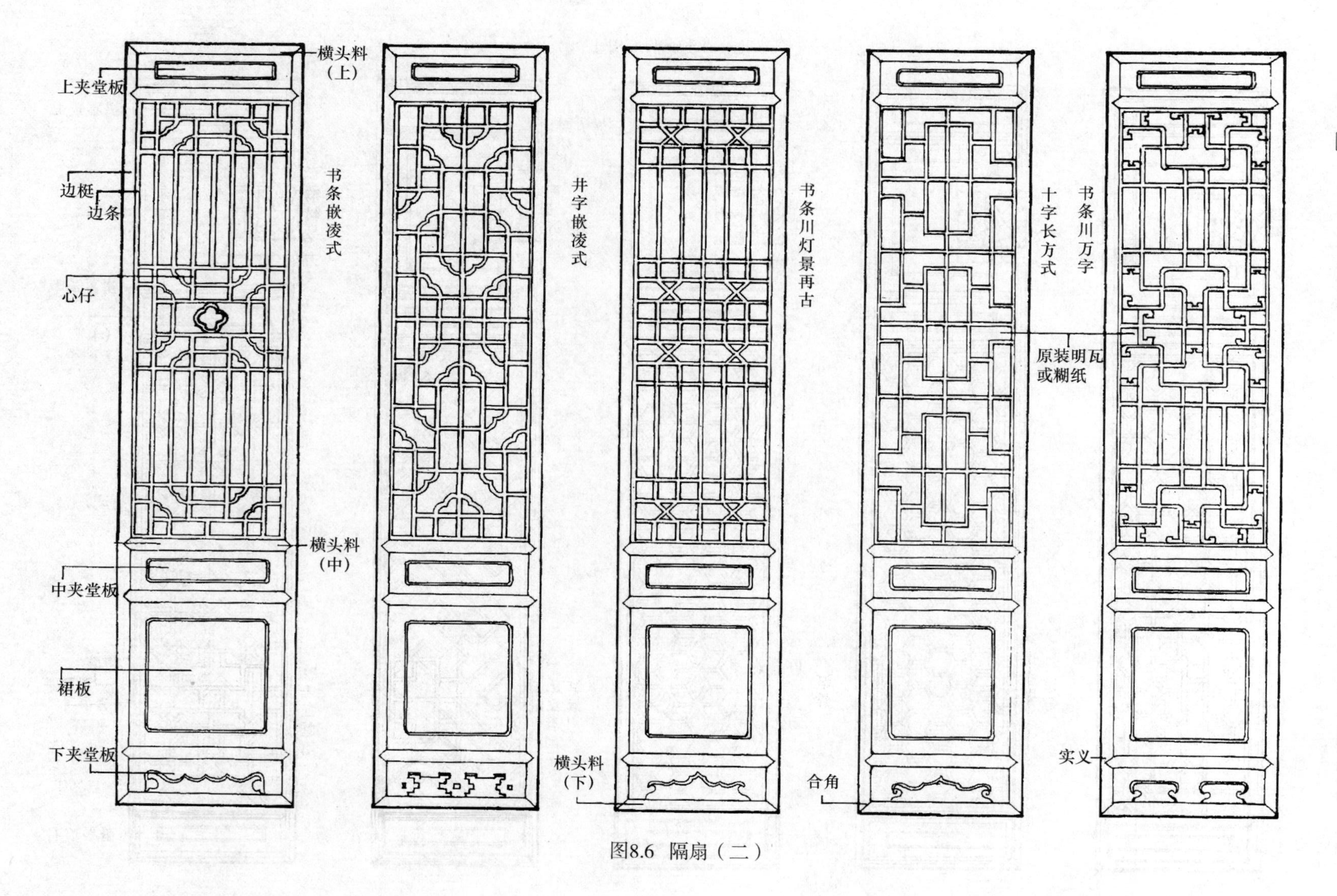
横头料
（上）
上夹堂板
边梃
边条
心仔
书条嵌凌式
横头料
（中）
中夹堂板
裙板
下夹堂板
井字嵌凌式
书条川灯景再古
横头料
（下）
十字长方式
合角
书条川万字
原装明瓦
或糊纸
实义

图8.6 隔扇（二）

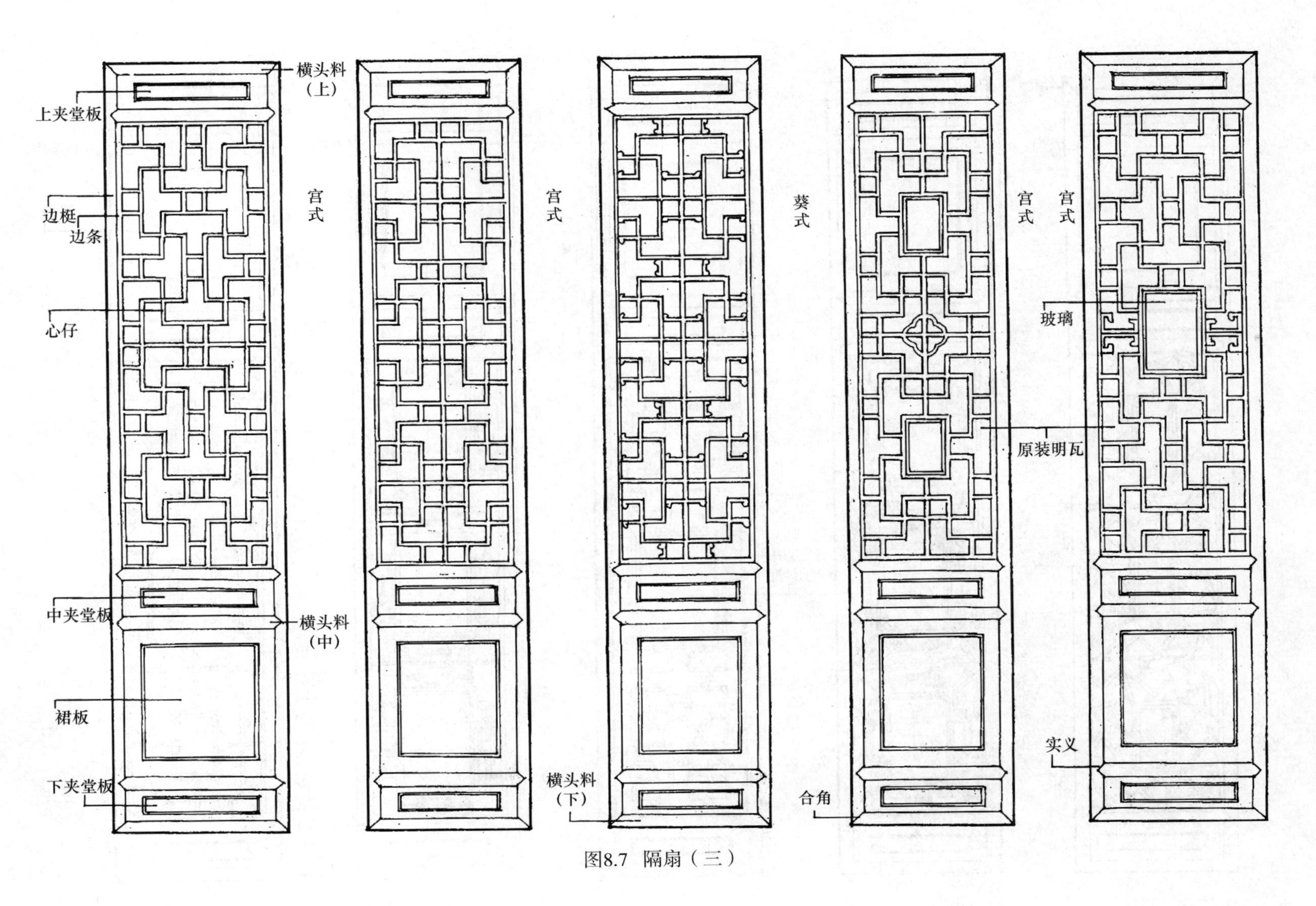
横头料（上）
上夹堂板
边梃
边条
心仔
中夹堂板
横头料（中）
裙板
下夹堂板
宫式
宫式
葵式
横头料（下）
宫式
合角
宫式
玻璃
原装明瓦
实义

图8.7 隔扇（三）

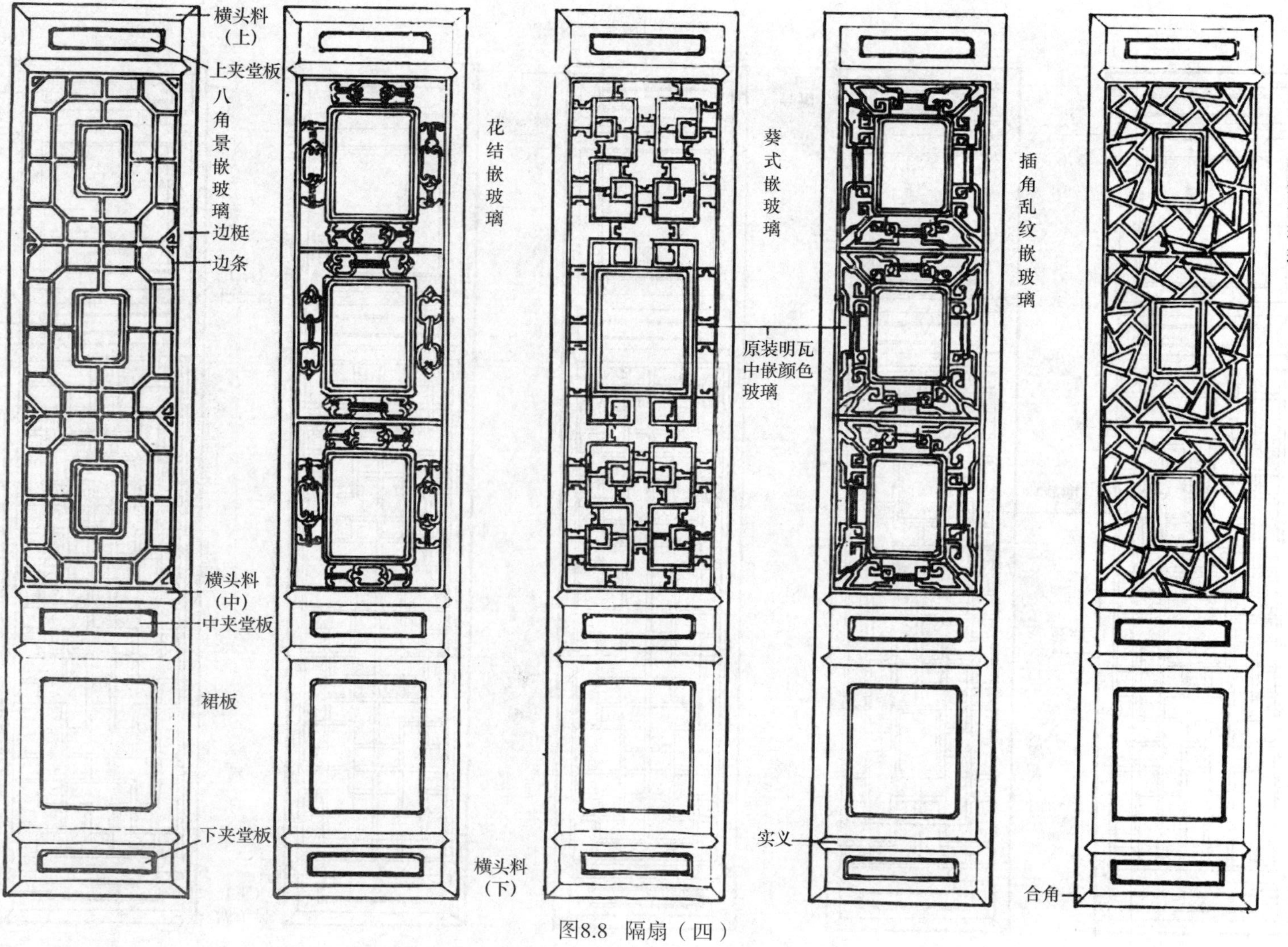
横头料（上）
上夹堂板
八角景嵌玻璃
边梃
边条
横头料（中）
中夹堂板
裙板
下夹堂板
花结嵌玻璃
横头料（下）
葵式嵌玻璃
原装明瓦中嵌颜色玻璃
插角乱纹嵌玻璃
实叉
冰纹嵌玻璃
合角

图8.8 隔扇（四）

3. 窗

中式窗除采光、通风外还有装饰作用。

窗的种类：直棂窗、槛窗、落地长窗（隔扇门的定扇）、推拉窗、横披窗和合窗等。除木制外还有砖石窗（多用于外墙）。其窗洞形式多样，有月洞、六角形、八角形、菱形、椭圆形、瓶形、桃形、葫芦、蝴蝶、蝙蝠、元宝、双钱等。

窗花又称窗棂，有直棂、步步锦、灯笼锦、冰裂纹、万字、回字等式样，在上述式样上还可加“卡子花”以增加装饰效果。

窗的构造基本同隔扇门，见图 8.9。

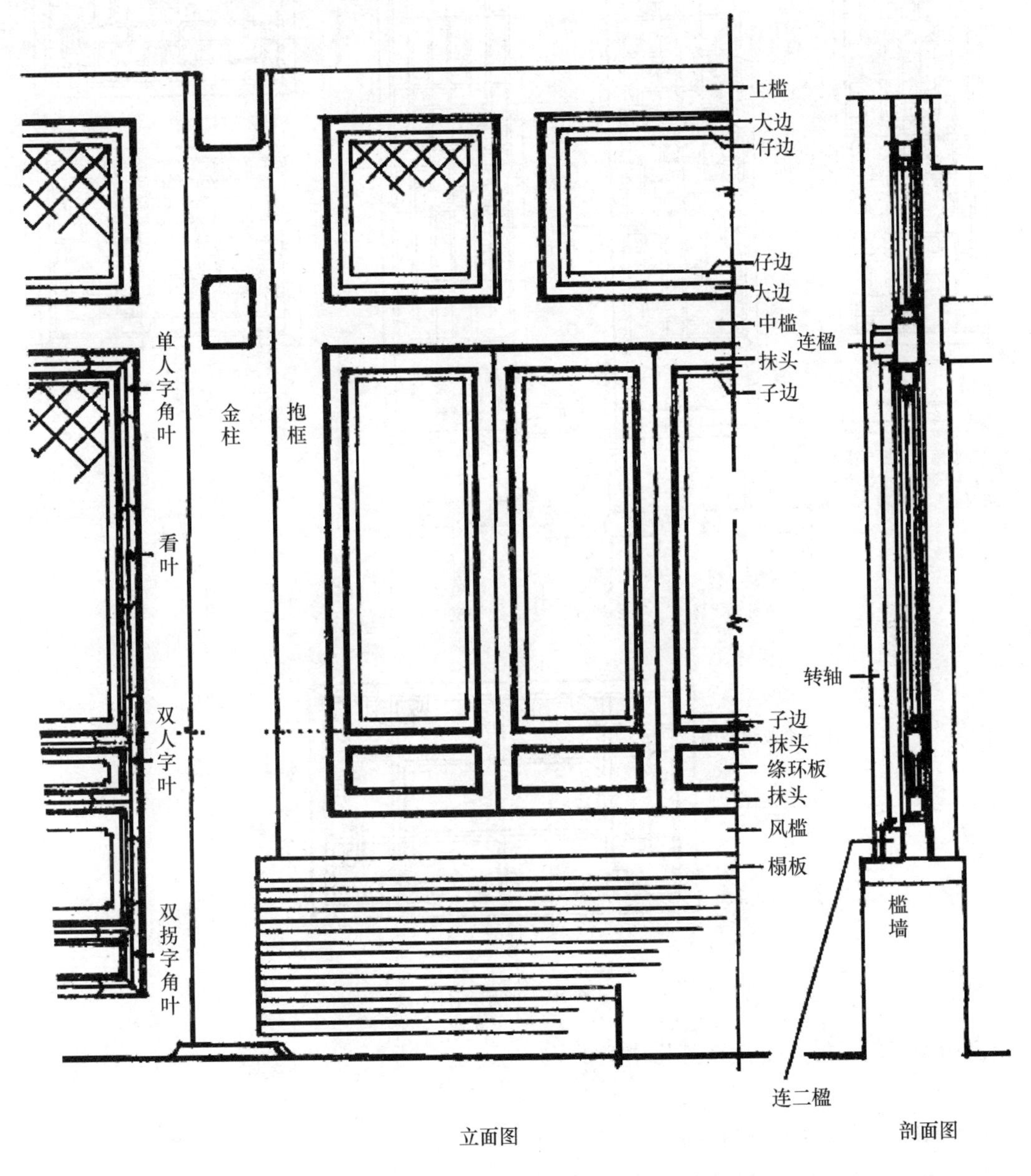

图 8.9　窗的构造

窗扇的高度：一般为1.2m、1.5m，中槛到上槛之间和隔扇门一样有横披，横披是用来调整高度的，横披的式样同窗扇。

窗扇的宽度：在两柱间成对配置，窗扇对开，一般都是向内开启。

窗扇式样见图8.10，什锦窗常用样式见图8.11，传统窗结构见图8.12，窗的花格示例见图8.13、图8.14。

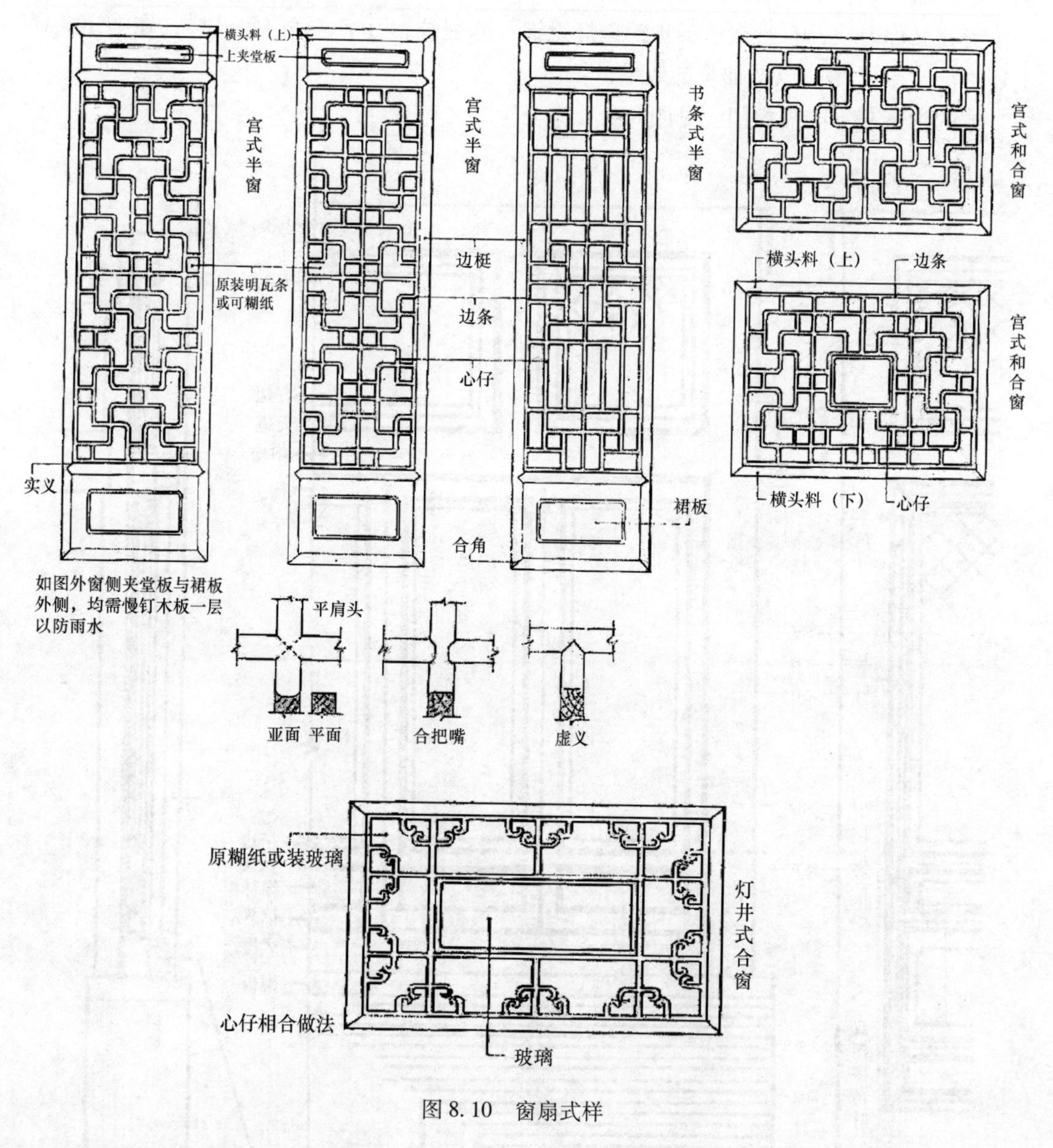

图8.10　窗扇式样

窗和隔扇门一样，也是在工厂生产的。

4. 栏杆

栏杆用于建筑外廊、楼梯。

栏杆有多种形式：寻杖栏杆、花栏杆、靠背栏杆和坐凳楣子。

图 8.11 什锦窗常用样式

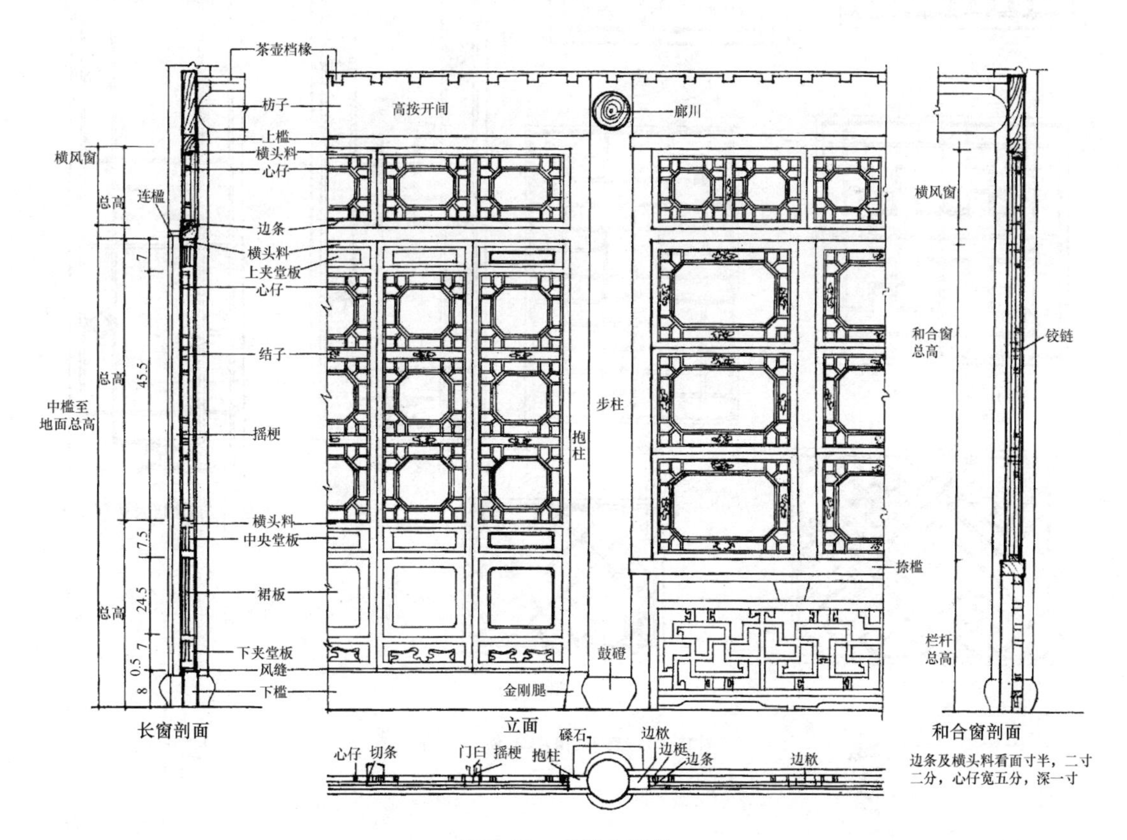

图 8.12 传统窗结构

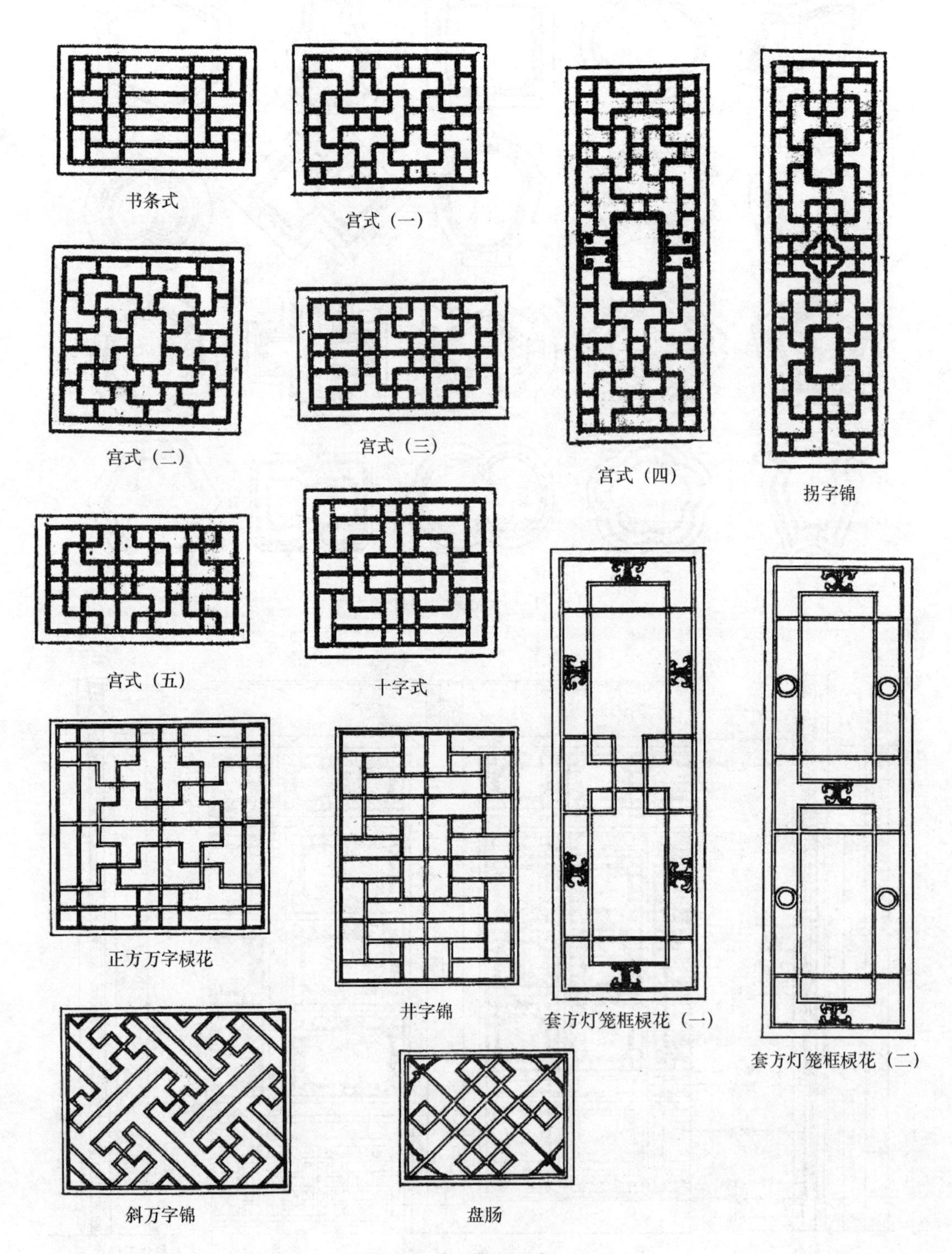

图 8.13　窗的花格示例（一）

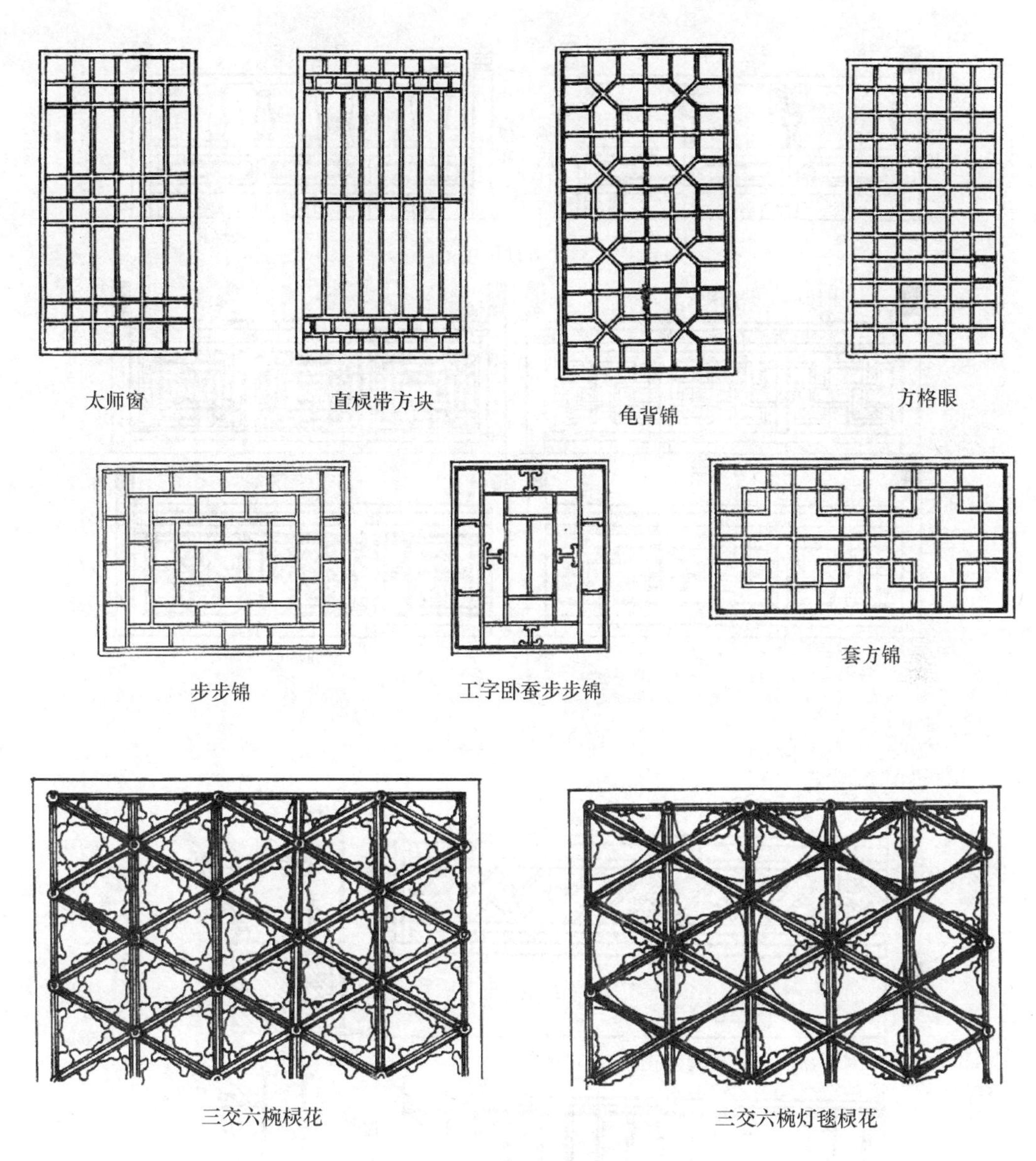

图 8.14 窗的花格示例（二）

寻杖栏杆扶手是圆形，扶手以下是花瓶、绦环板等，花栏杆扶手一般是扁方形，以下是花格。

栏杆的望柱截面 $\phi12 \sim \phi15$cm，柱高 120cm。扶手断面 $\phi60 \sim \phi80$mm，采用枋木作 60mm×75mm～80mm×100mm。中枋 60mm×40mm，立枋 60mm×80mm。扶手高度：室内为 900mm，室外为 1100mm，栏杆的芯屉花饰可根据窗花格设计，但断面尺寸要比窗花格大 1～2 个规格。

木栏杆见图 8.15。

靠背栏杆又称“美人靠”“吴王靠”，由靠背座板及花格（地花窗、榻子）组成，见图 8.16。

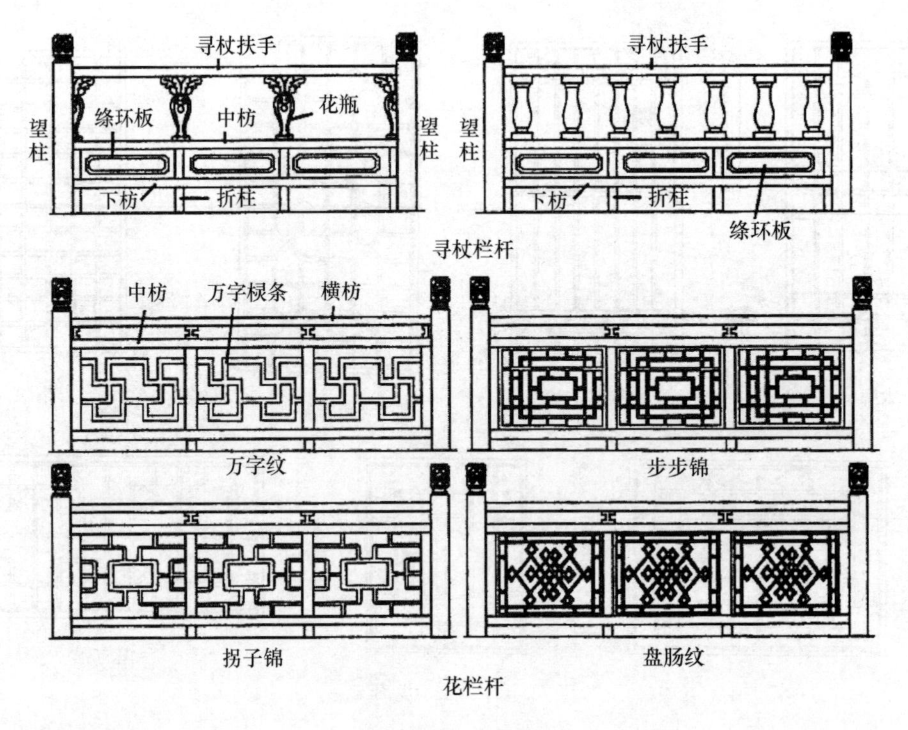

图 8.15　木栏杆

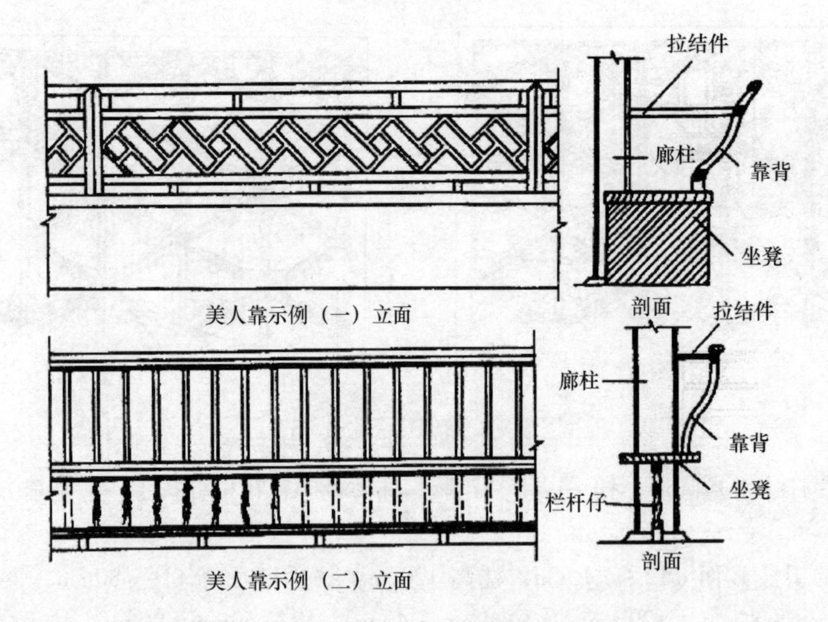

图 8.16　靠背栏杆

美人靠用于房屋的廊道和亭廊的围护，是可以供人休息坐靠的栏杆。其构造由上枋（50mm × 40mm ~ 80mm × 40mm）、曲形靠背（30mm × 40mm 木条）、座板［(350 ~ 450mm) × 35mm］、地花窗（江南地区有用370mm 砖砌的）组成。上枋顶高 900 ~ 950mm，座板高 450 ~ 500mm。地花窗多用棂条或步步锦、灯笼锦花格。也有一种没有靠背只有坐凳和花格的用于建筑一层和亭廊的称为“坐凳楣子”，见图 8.17。

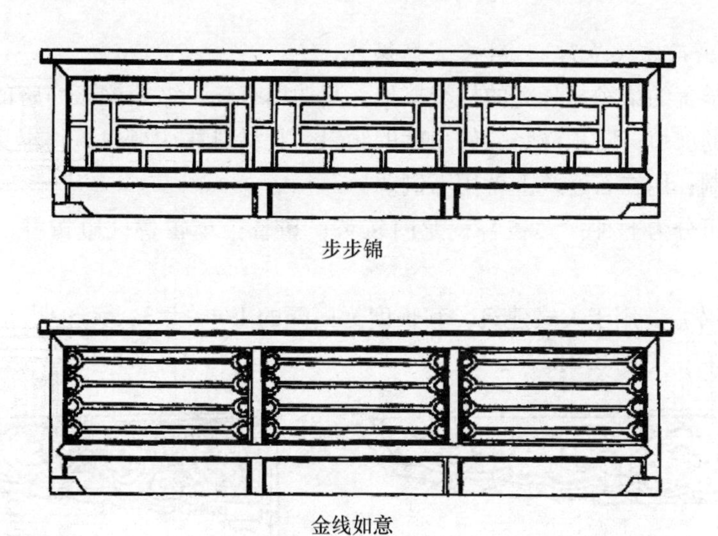

图 8.17　坐凳楣子

5. 挂落

挂落又称楣子，用于房屋建筑外廊和亭廊建筑檐柱上口额枋下的装饰构件，起到美化建筑的作用，见图 8.18 ~ 图 8.20。

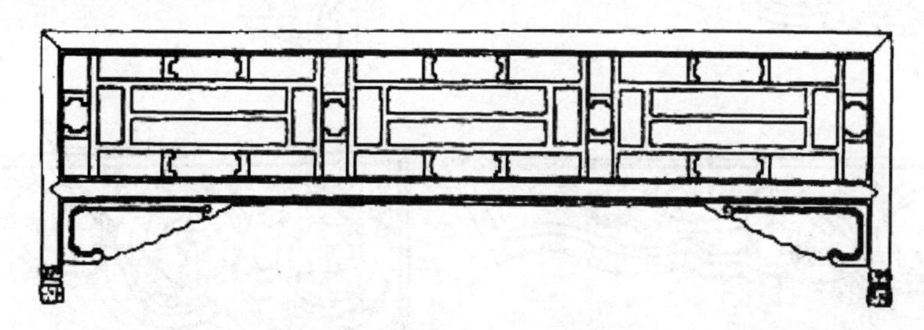

图 8.18　倒挂楣子（步步锦）

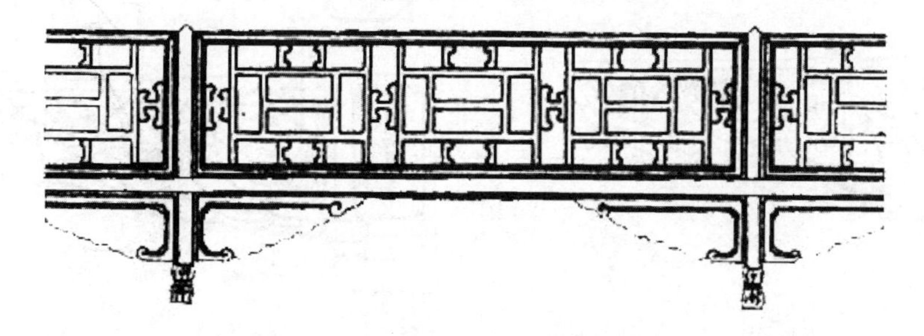

图 8.19　硬三槿倒挂楣子（步步锦）

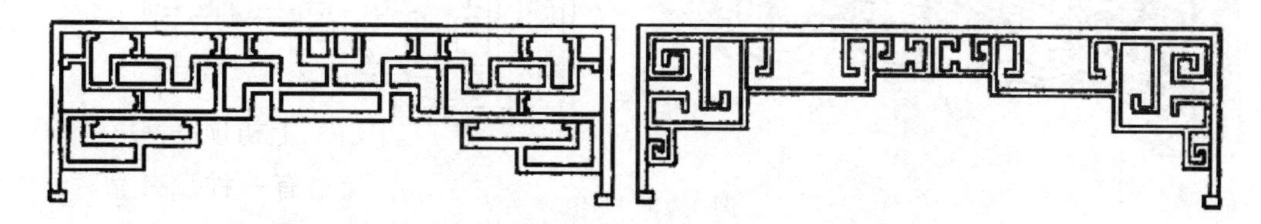

图 8.20　木棂条挂落

6. 雀替、垂花柱（吊瓜）、斜撑（撑拱）

雀替用于横置的梁额与竖立的柱交接处，其功用有三：缩短梁额净跨的长度；减小梁额与柱相接处的剪力；防止横竖构件角度的倾斜。其材料往往视建筑物本身而定；用在木建筑上者为木制；用在石建筑上者用石制。

雀替种类可分为七种：大雀替；龙门雀替；雀替；小雀替；通雀替；骑马雀替；花牙子。

（1）大雀替主要用于大式建筑，其长度为面阔的1/4～1/3，无论明间、次间均相同，厚度在8cm左右，见图8.21。

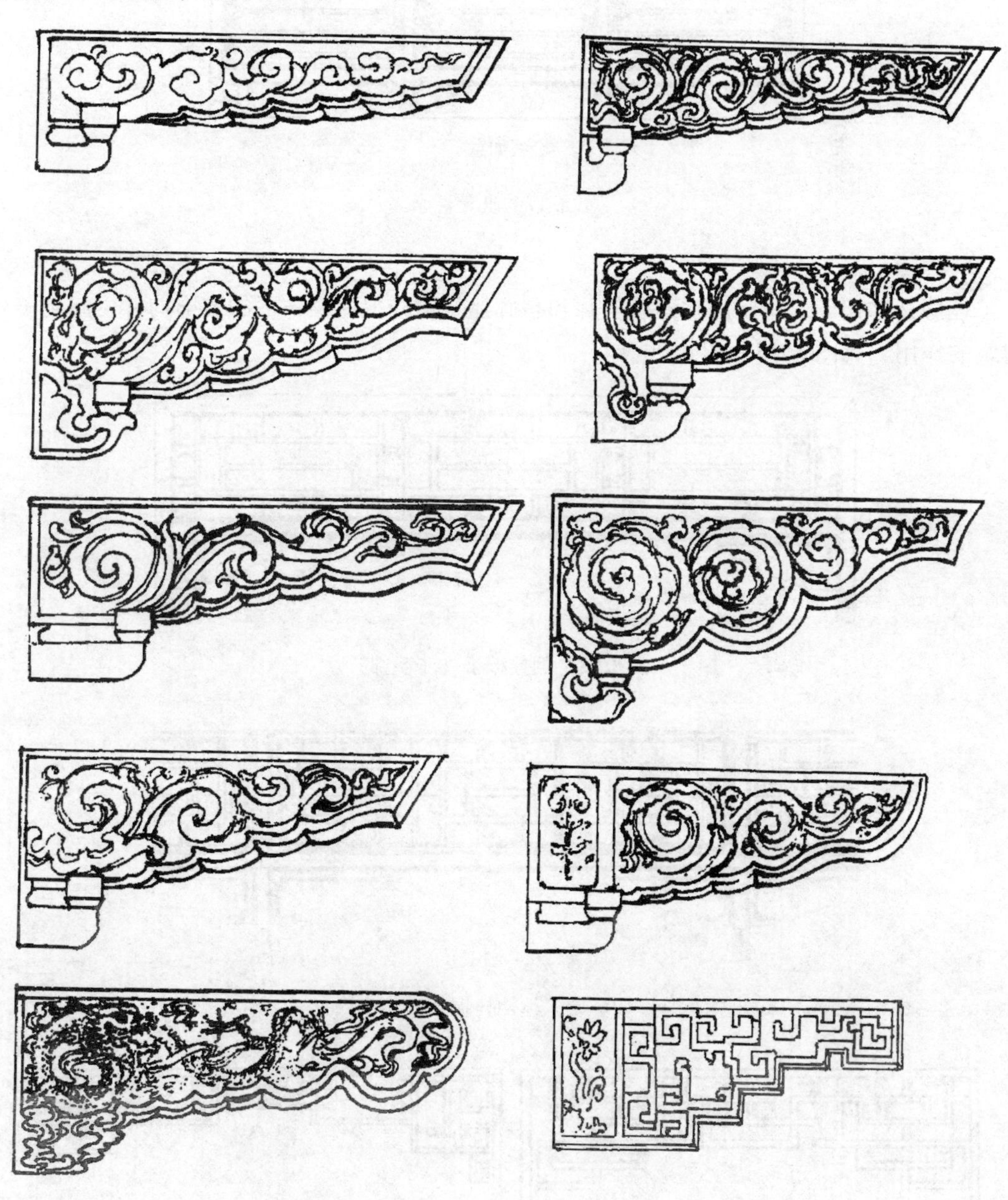

图8.21 大雀替

（2）通雀替：两柱距离较近、形成两雀替相交称通雀替，见图 8.22。

图 8.22　通雀替

（3）花牙子：纯粹的装饰品，常用于廊子的花楣上。花牙子的类别见图 8.23。

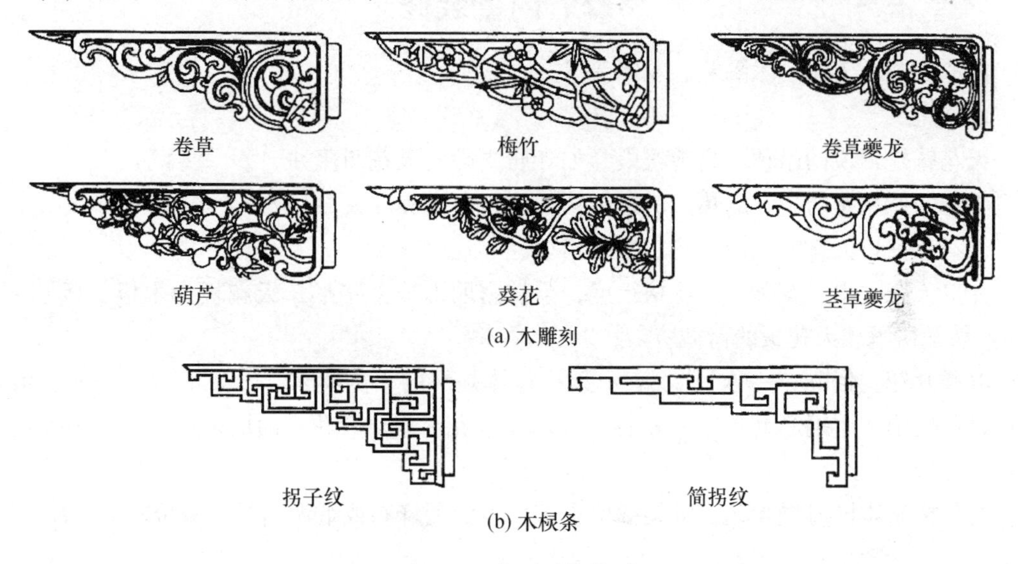

图 8.23　花牙子的类别

（4）小雀替：有的南方建筑檐口下没有斗拱，采用吊瓜加斜撑的方式代替斗拱，小雀替用于吊瓜两边，见图 8.24。

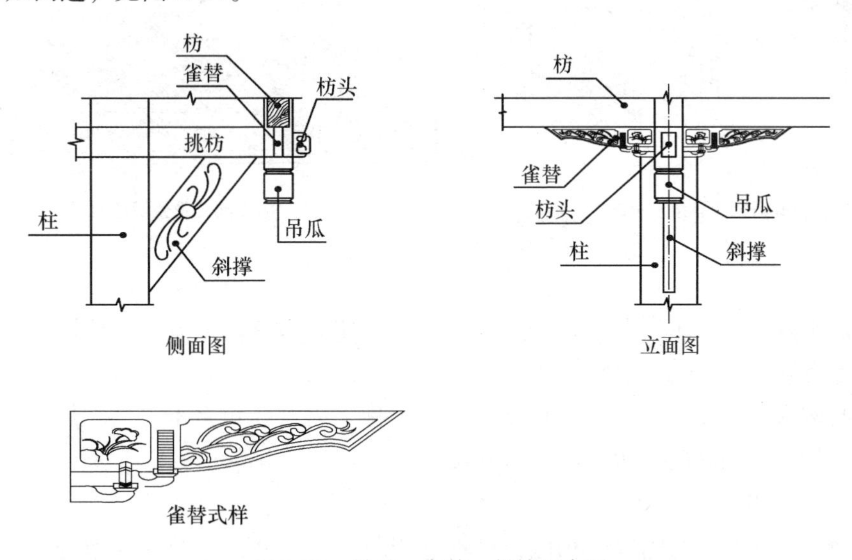

图 8.24　吊瓜、雀替、斜撑组合图

图 8.24 中所示为小雀替，吊瓜同垂花门的垂花柱，南方和北方的垂花柱风格略有不同，垂花门用的垂花柱有彩绘，而吊瓜基本没有彩绘，但是都有雕花。

斜撑是支撑挑枋的结构部件，南方因雨较多，出檐较北方宽，所以南方采用较多。

大式建筑的斜撑（撑拱）断面为扁方形、圆形，一般都要做雕花，有浮雕和镂空雕，装饰效果较好。小式建筑没有雕花，就是一块枋木。

现在采用混凝土框架结构，斜撑只是装饰构件。

8.2 内檐装修

内檐装饰有天花、木隔断、花罩等。

1. 天花

天花就是常说的吊顶，高等级殿堂如寺庙主殿的天花叫藻井。

天花的作用是防尘、隔热，遮挡结构，使得室内美观大方。

天花有井口天花、海墁天花、木顶格等。

井口天花：由天花梁、天花枋组成，梁枋露明形成井字形。天花板为木板，板厚 2 ~ 3cm。靠梁枋承载天花板的荷载。

海墁开花：俗称“一抹平”，表示天花整体是平的不露梁枋，骨架由木枋构成、由木吊柱，现代施工用钢筋（吊筋）吊挂骨架承受天花荷载。天花板面层采用木板，现代用五层板做面层。

木顶格基本同海墁天花，骨架截面更小，表面用麻布或纸做面层，造价较低。

天花的骨架构造见图 8.25。

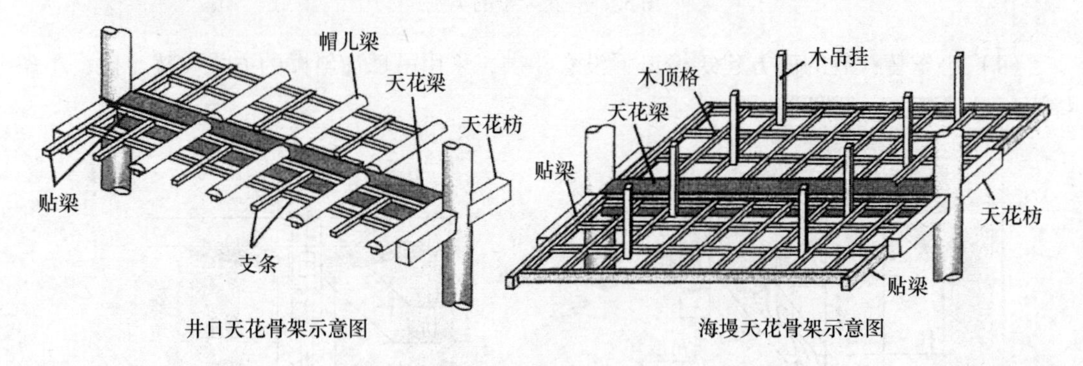

图 8.25　天花的骨架构造

藻井位于殿堂中最重要部位，寺庙中多用于神像、佛像的上方，一般建筑不能采用，藻井的造形有四方形、八角形、圆形或方圆组合形。

藻井的构造有“上圆下方”的形制，结构上称之为“抹角叠木”，就是利用较短的木料获得较大的跨度和高度，达到穹顶的效果。

2. 木隔断、花罩

木隔断的形式基本与隔扇门相似，只不过用料要小一些，除留去通道处为活动扇外，其他均为固定扇，装饰上更精细一些，隔扇上还可有书法、绘画。

花罩有落地罩、几腿罩、栏杆罩、门洞罩（八方罩、圆光罩）等多种形式（图8.26），是一种半封闭式可供通行的隔断，隔而不断，使室内空间感更为丰富，空间上给人有一张一合的感觉。

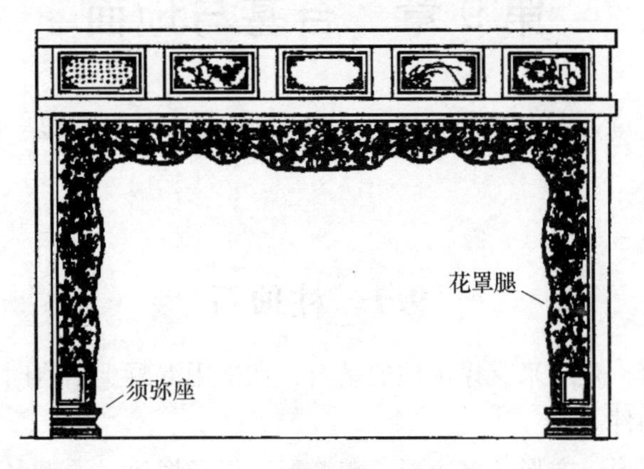

落地罩

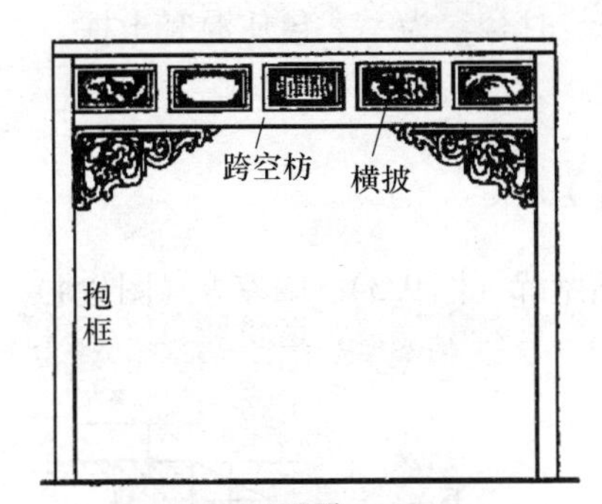

几腿罩

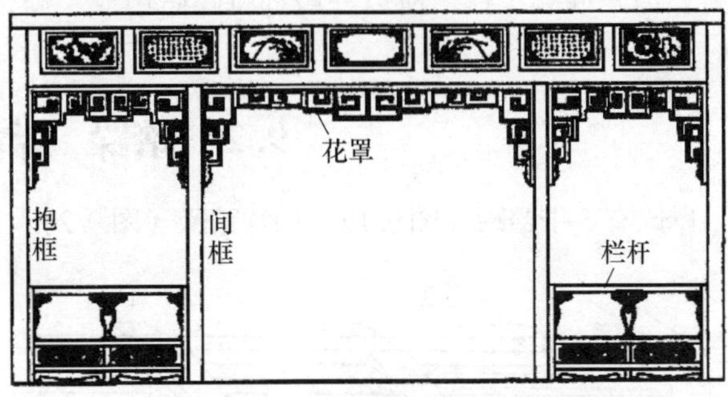

栏杆罩

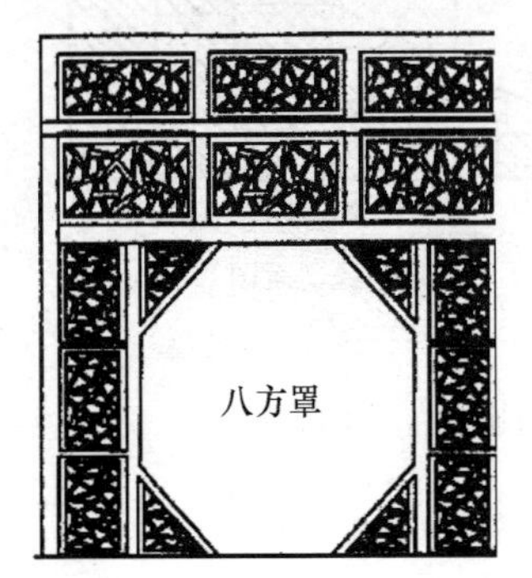

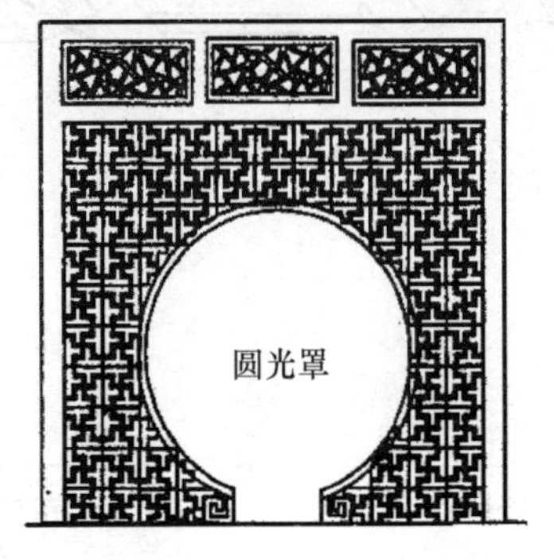

门洞罩

图8.26 花罩的形式

第 9 章　台基与地面

前面已对台基高度及宽度做了介绍，这里主要讲柱顶石、踏跺（台阶）、须弥座、石栏杆、月台、地面。

9.1　柱顶石

柱顶石又称磉磴，是用来支撑木柱的基石，在采用混凝土结构时柱顶石已失去结构功能，只是一种装饰构件。

磉磴的形状有彭形、方形、多边形、莲瓣形、狮子形等，造型各式各样，材料基本是石材。因是混凝土柱，所以一般都将磉磴做成二瓣，安装时合二为一，包住混凝土柱。

9.2　踏跺（台阶）

踏跺有垂带踏跺（图 9.1）、如意踏跺（图 9.2）、云石踏跺（图 9.3）、礓嚓等（图 9.4）。

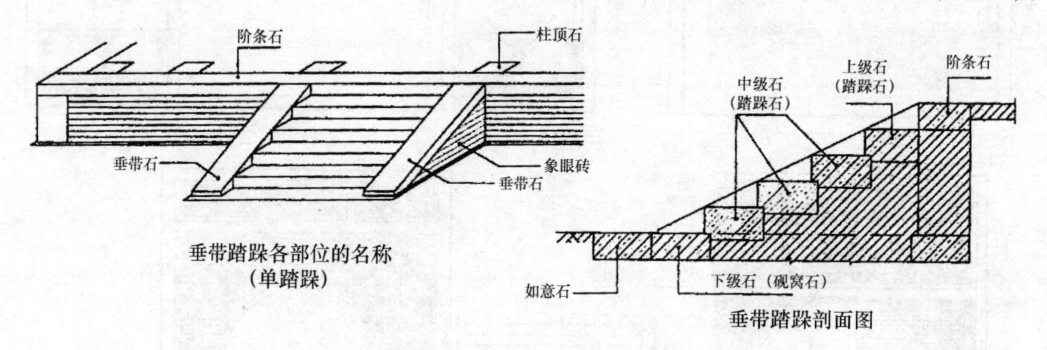

图 9.1　垂带踏跺

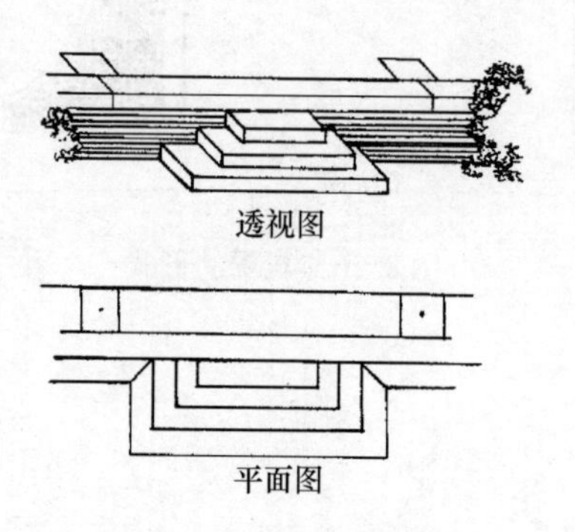

图 9.2　如意踏跺

图 9.3　云石踏跺（以天然石头垒砌的踏跺）

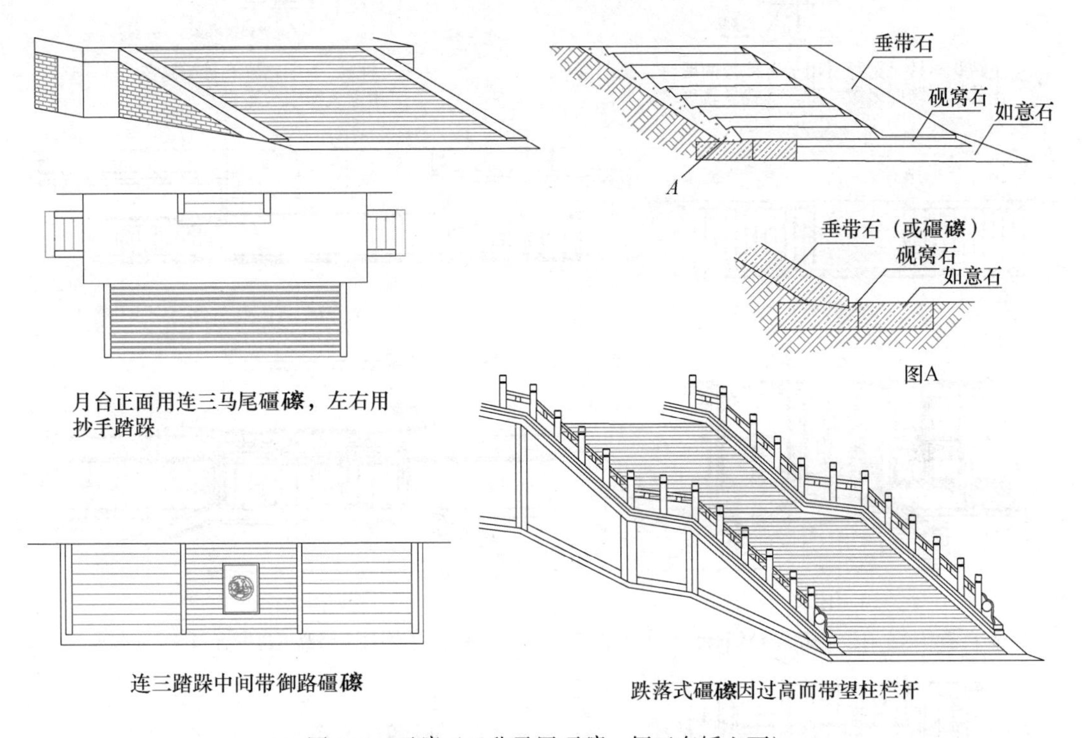

图 9.4　礓礤（又称马尾礓礤，便于车轿上下）

其中，垂带踏跺的垂带一般都正对檐柱，宽度在 250～400mm 之间，材料多为石材。踏跺的具体形式见图 9.5。

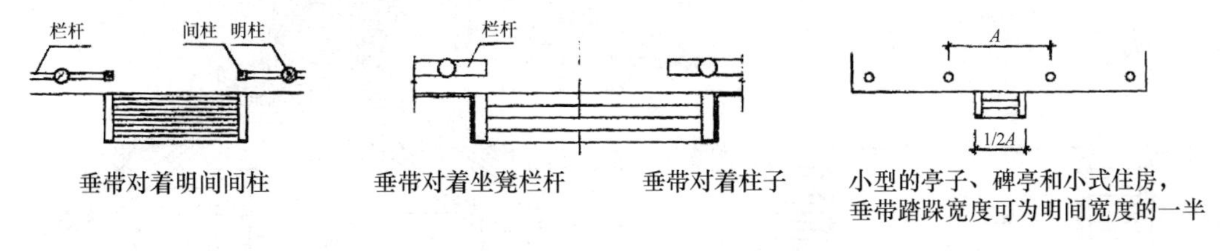

单踏跺（垂带多对着明间柱子或明间间柱，有坐凳栏杆时亦可对着坐凳栏杆）

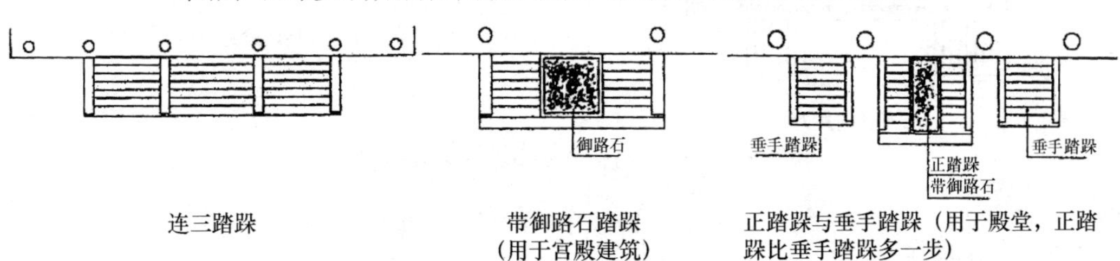

图 9.5　踏跺的具体形式

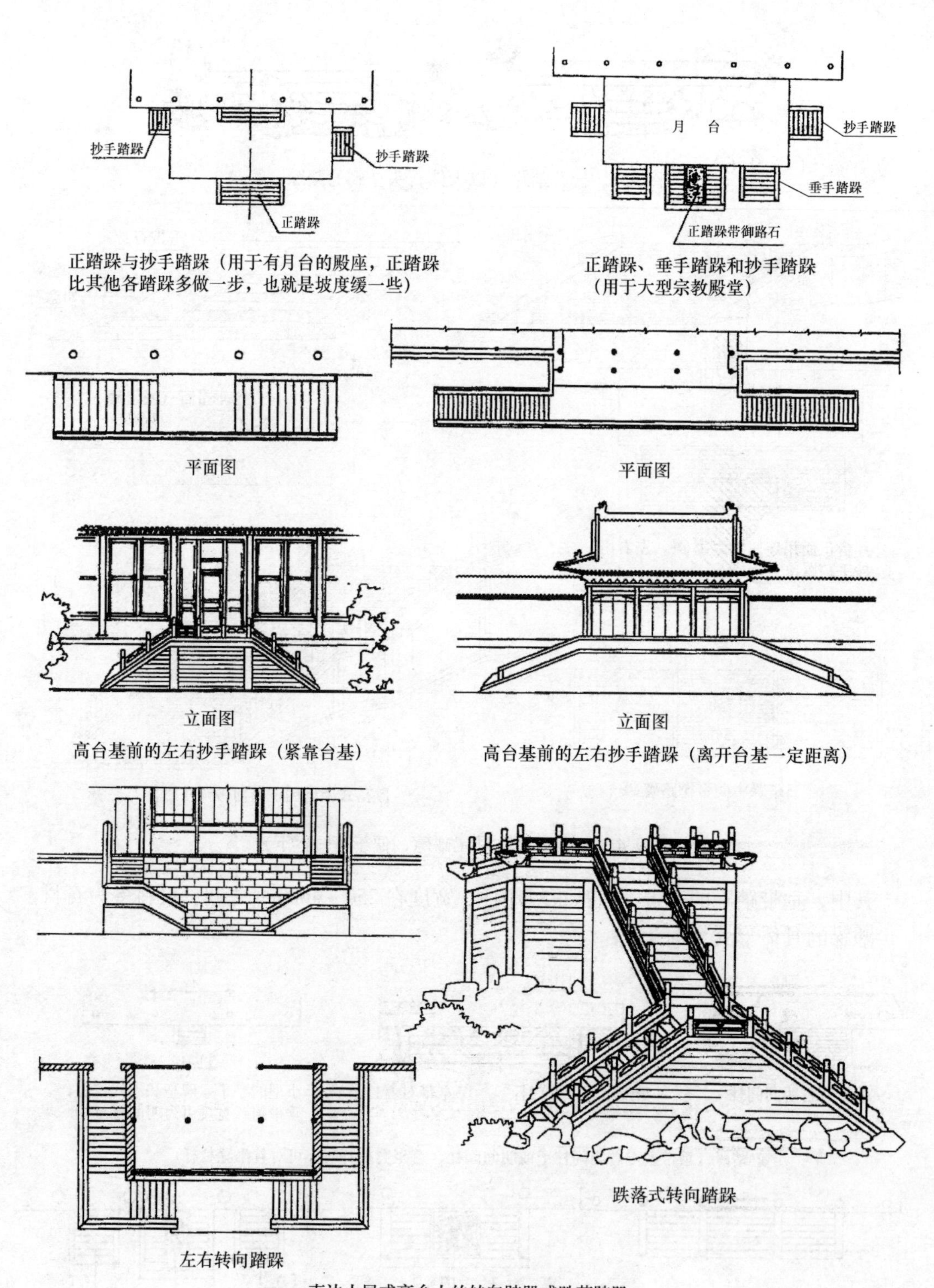

正踏跺与抄手踏跺（用于有月台的殿座，正踏跺比其他各踏跺多做一步，也就是坡度缓一些）

正踏跺、垂手踏跺和抄手踏跺（用于大型宗教殿堂）

高台基前的左右抄手踏跺（紧靠台基）

高台基前的左右抄手踏跺（离开台基一定距离）

直达上层或高台上的转向踏跺或跌落踏跺

图 9.5　踏跺的具体形式（续）

9.3　须弥座

须弥座（图 9.6）原本是佛像的基座，后来经过演化成为用作较高形式建筑的台基。

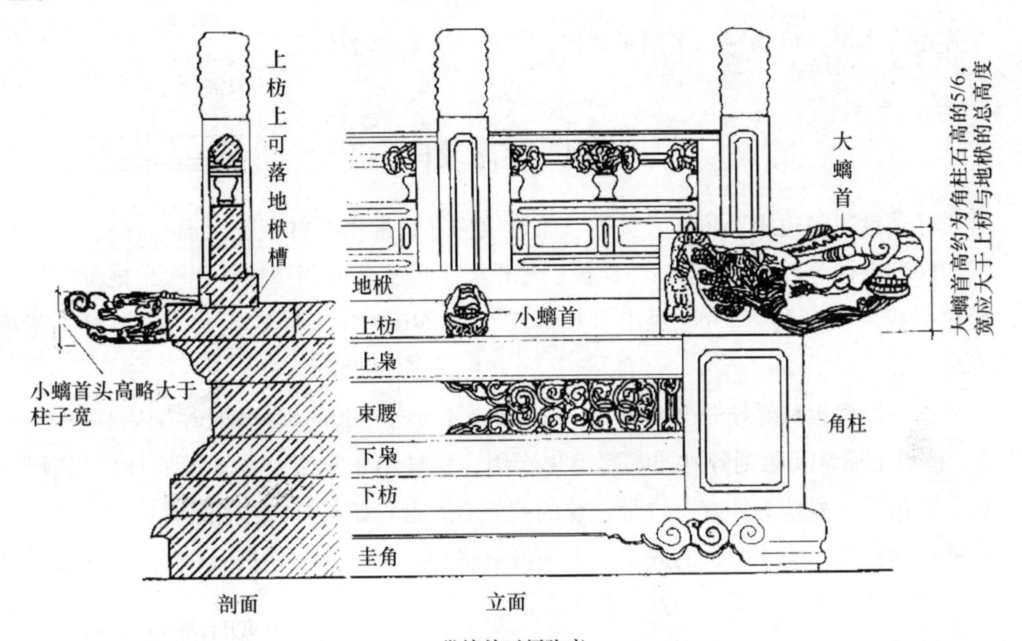

带螭首石须弥座

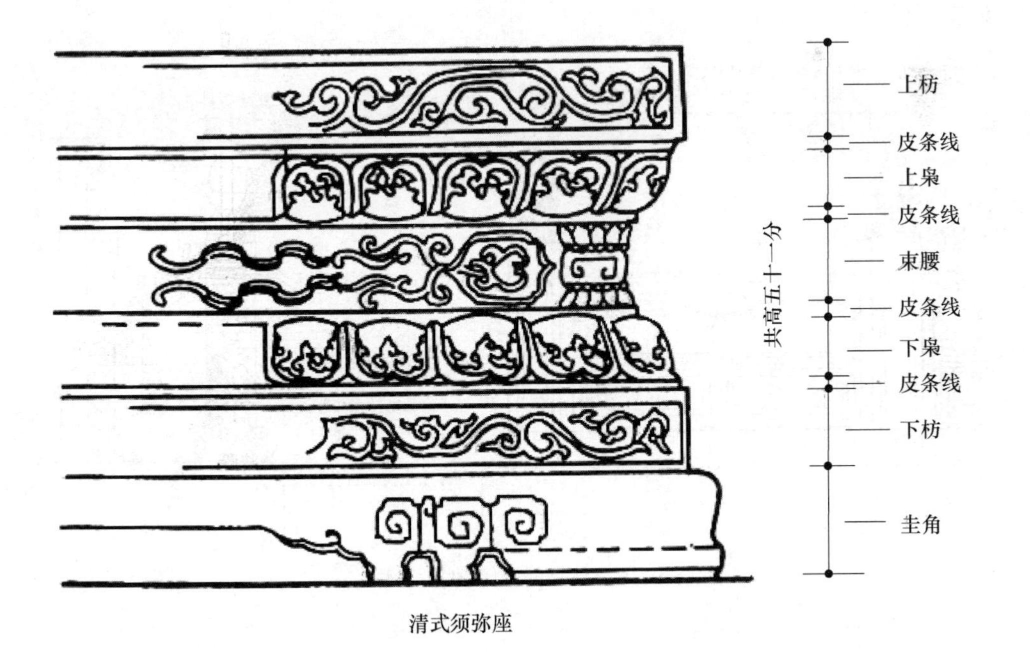

清式须弥座

图 9.6　须弥座

须弥座源于印度，随着佛教传入我国，初始形制较为简单，至宋代逐渐盛行，宋《营造法式》已有规制，清代更为完善。《营造算例》规定："须弥座各层高低，按台基明高五十一分归除，得每分若干；内圭角十分，带皮线一分，共高十一分；束腰八分，带皮条线上下二分，共十分；上枭六分，带皮条线一分，共高七分；上枋九分。"（带皮线又称皮条线）

须弥座有木制、琉璃制，多用于室内；室外用于台基的为石材。

9.4 石栏杆

石栏杆是台明周边用于防止人员下坠的建筑构件，常用石材有花岗石、青石、汉白玉等。其构件有寻杖（扶手）、望柱、栏板、地栿。下面主要介绍望柱、拦板、地栿。

望柱：截面尺寸 15 ~ 25cm 见方。柱高 1.1 ~ 1.4m，柱头形式有龙、凤、狮、莲花、火焰、璞方等。

栏板：一般栏板和寻杖是整体雕刻，栏板高不小于 900mm，厚度等于望柱的 0.6 ~ 0.7 倍。栏板上通常要雕刻各种图案起美化作用，栏杆用于垂带上称垂带栏杆，栏板为斜形，最下端最后一根柱头外有一块带云纹的抱鼓石，起稳定栏杆的作用。

地栿：地栿是柱头和栏板的底座，上面凿有槽口，用于插入栏杆及柱头，宽度为栏杆的 2 倍或柱头的 1.5 倍，厚度为宽度的 1/2。

石栏杆各部比例及名称见图 9.7，垂带栏杆的做法见图 9.8，清式钩栏见图 9.9，宋式钩栏见图 9.10。

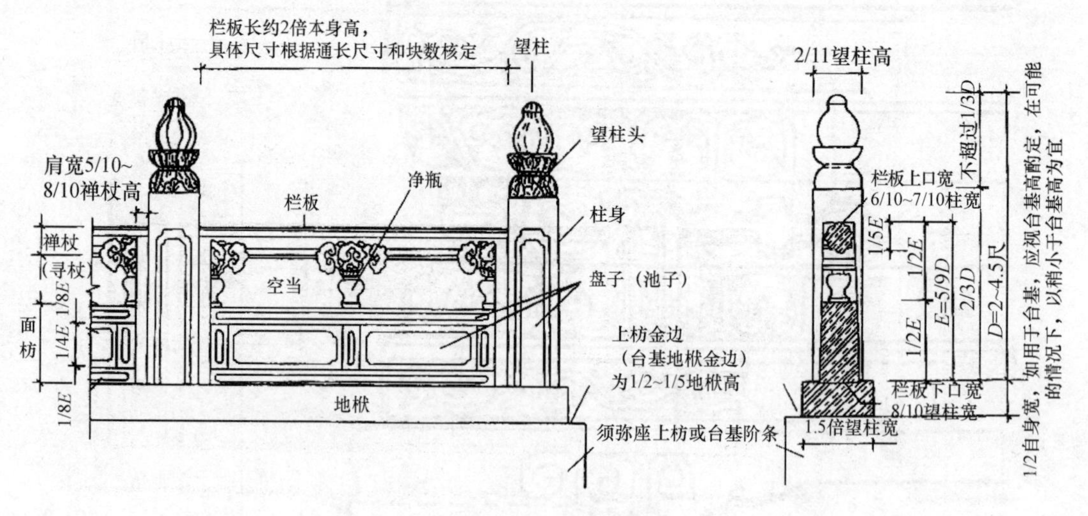

图 9.7　石栏杆各部比例及名称

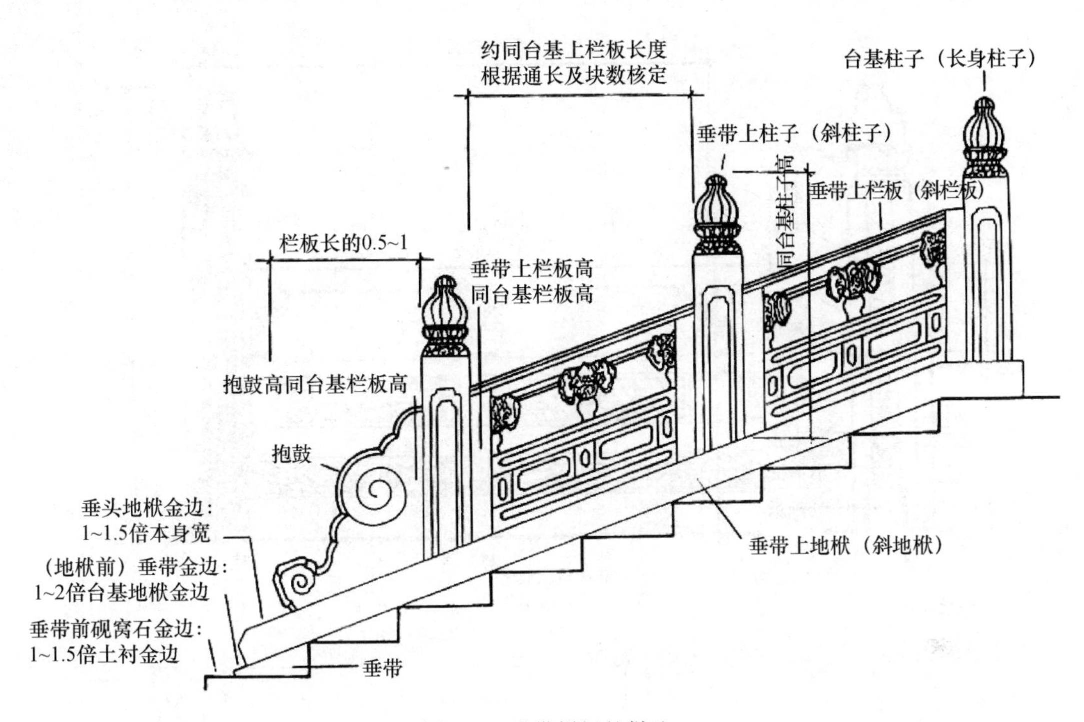

图 9.8　垂带栏杆的做法

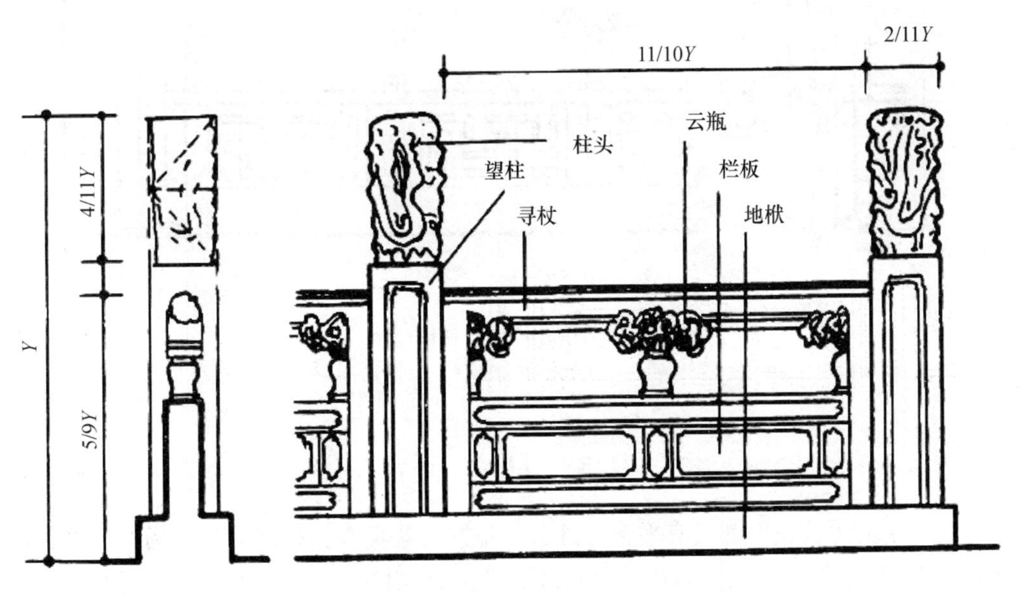

图 9.9　清式钩栏

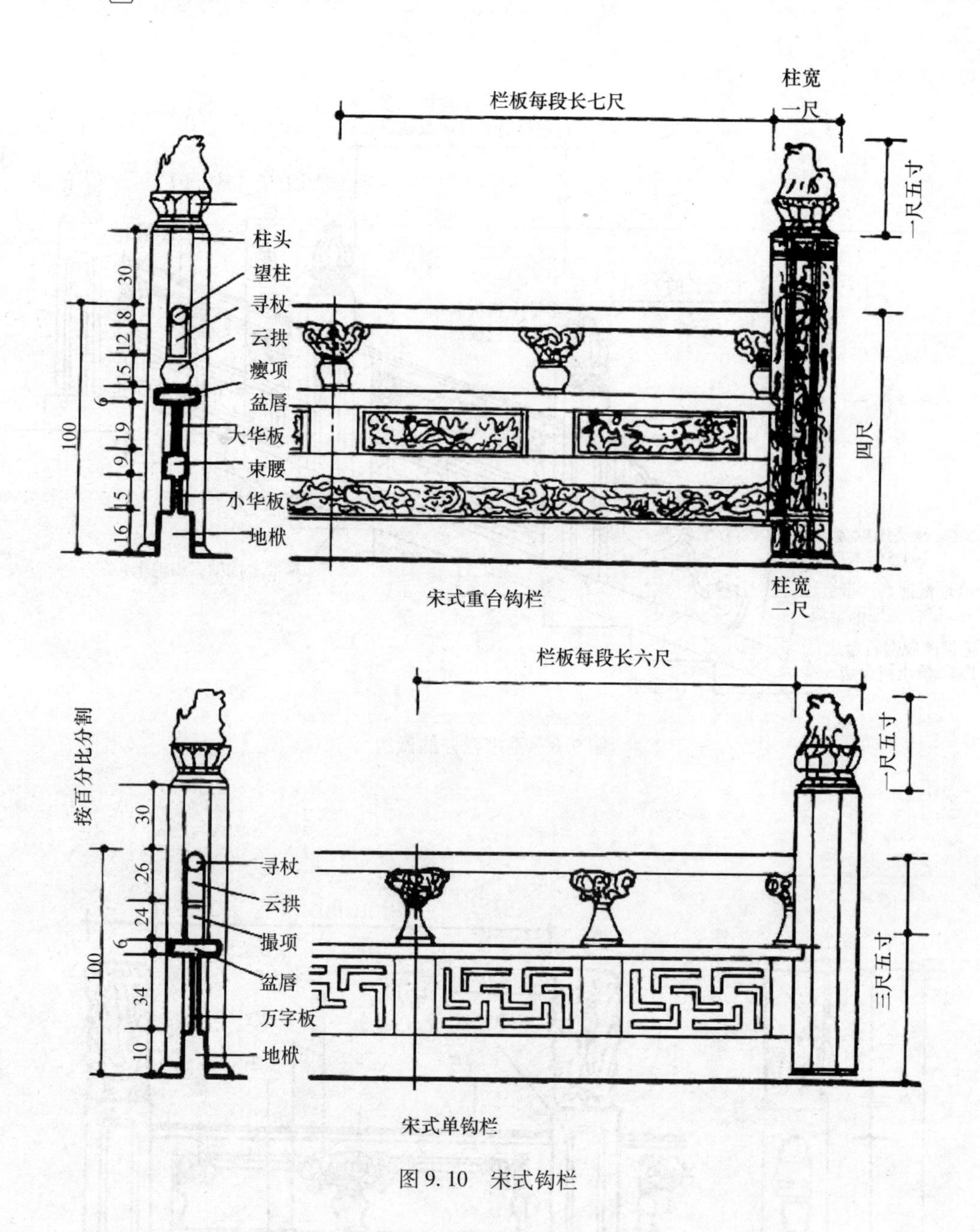

图 9.10　宋式钩栏

9.5　月　台

寺庙建筑的主殿正面都设有平台称月台，是供信众焚香、礼拜的活动场所。月台高度一般在 0.6m 以上，高差较大时在月台周边需设置石栏杆，月台的正面和侧面设置有踏跺（台阶），月台比台明的高度低 12 ~ 15cm。

9.6 地 面

地面主要指室内地面，铺地的材料古时多采用青方砖，等级较高的建筑采用“金砖”，北京的宫殿使用的金砖是用江南的澄泥烧制的，强度高，耐磨性好，精度高。现在建筑材料多样，公共场所可采用耐磨的各种石材。房间可采用地砖或木地板。其做法可按古制设计。

图 9.11 为铺地砖的几种式样，图 9.12 为室内及廊子方砖分位，图 9.13 为掏当槛垫和过门石，图 9.14 为通槛垫、分心石与如意石。

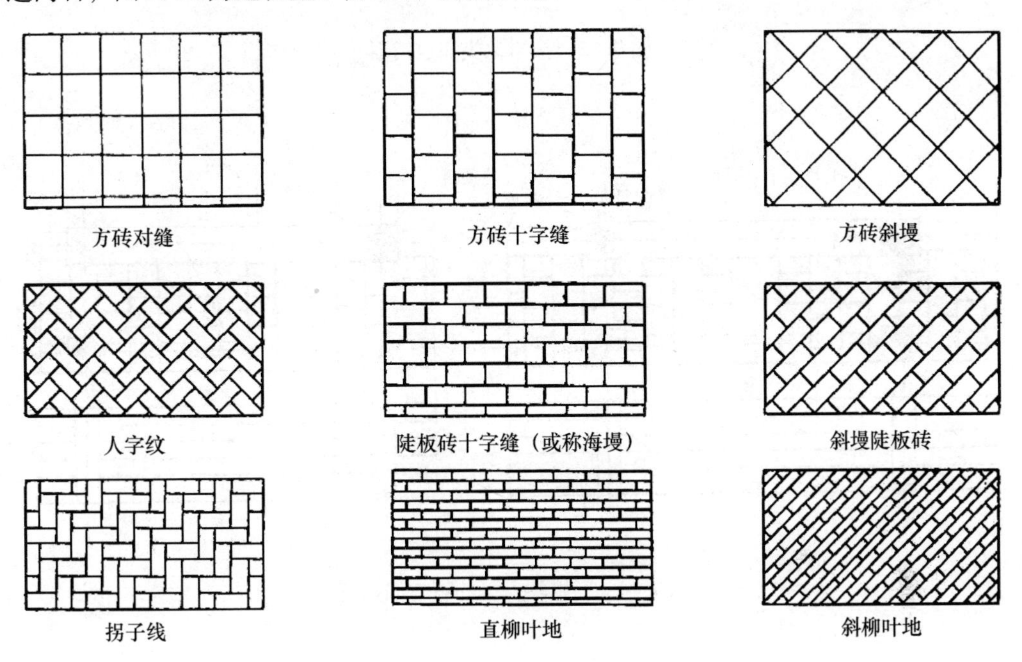

图 9.11 铺地砖的几种式样

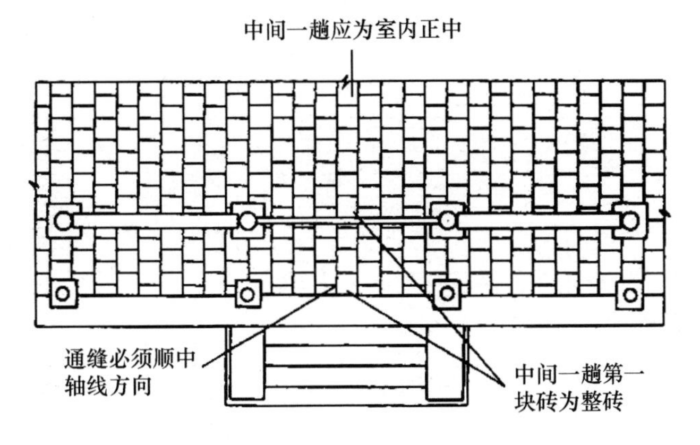

图 9.12 室内及廊子方砖分位

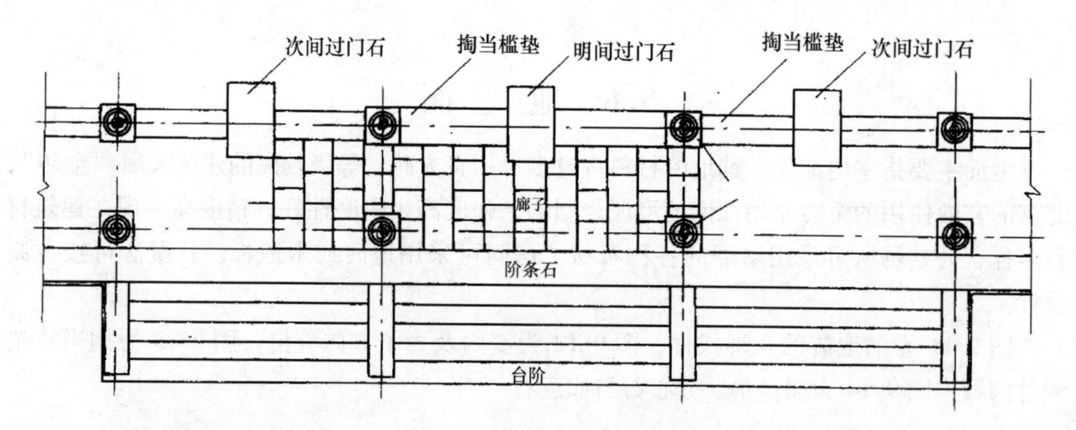

图9.13　掏当槛垫和过门石

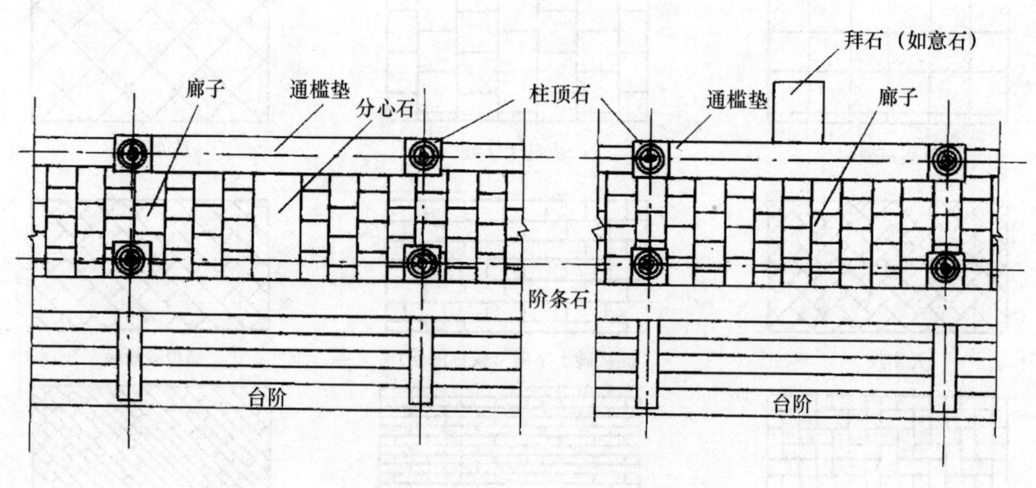

图9.14　通槛垫、分心石与如意石

第 10 章　塔

塔起源于印度，随着佛教的传入而进入中国，印度称塔为“STupa”，中译为“浮屠”“窣堵波”。直至隋代才有“塔”的名字出现。塔是最早的佛教建筑，佛寺是先有塔后有殿。塔传入我国千百年来，经过历代建筑匠师的钻研创造，形成了具有中国特色的建筑，其规模、形式、材料各不相同。

我国最早的佛塔是汉明帝敕建洛阳白马寺时建造的佛塔，而最新建造的最著名的塔是南京大报恩寺的轻钢玻璃塔。

塔的功能主要是供奉佛舍利、经书以及各种法物。信众及顶礼者绕塔自信能积聚功德。

10.1　塔的种类

（1）按层级分：三重、五重、七重、九重、十三重、十五重、十七重、三十七重。

（2）按形状分：方塔、圆塔、六角塔、八角塔，另有木塔、多宝塔、瑜只塔、宝箧印塔、五轮塔、卵塔、无缝塔、楼阁式塔、墓塔、板塔婆、角塔婆、密檐塔等。

（3）按所纳藏三物分：舍利塔、发塔、爪塔、牙塔、衣塔、钵塔、真身塔、灰身塔、碎身塔、瓶塔、海会塔、三界万灵塔、一字一石塔、籾塔。

（4）按材料分：砖塔、石塔、玉塔、沙塔、泥塔、土塔、粪塔、铁塔、铜塔、金塔、银塔、水晶塔、玻璃塔、宝塔、香塔、木塔。

（5）按性质分：祈福塔、报恩塔、法身塔、寿塔。

（6）按排列位置分：孤立塔、对立式塔、排立式塔、方立式塔、拱立式塔、分立式塔。

（7）按样式分：覆钵式塔、龛塔、柱塔、雁塔、屋塔、无壁塔、喇嘛塔等。

塔一般由地宫、塔基、塔身、塔顶和塔刹组成。地宫内藏舍利及法物。位于塔基正中地面以下，塔基之上是塔身，一般佛塔是不上人的，但规模较大的佛塔可供人们登临。塔刹由须弥座、仰莲、覆钵、相轮和宝珠组成。有些塔在塔檐之下挂置风铃。

10.2　塔的象征意义

佛塔是代表佛佗的圣意、法身，佛塔的每个部分都揭示了成佛之道，除了代表佛身及五大外，佛塔下层基台代表十善业，台阶代表三宝，狮座代表法住于世，莲座代表六度，基座四角代表四量心，整个佛塔代表包括三十七品道在内的六十名数。

五大：五大明王，又作五大尊，即不动明王、降三世明王、军荼利明王、大威德明王、金刚夜叉明王。

十善业：不杀生、不偷盗、不邪淫、不妄语、不两舌、不恶口、不绮语、不贪欲、不嗔恚、不邪见。

三宝：佛宝、法宝、僧宝。

六度：布施、持戒、忍辱、精进、禅定、智慧。

四量心：又称四无量心，即大慈、大悲、大喜、大舍四无量心。

三十七品道：又称三十七道品，即四念处、四正勤、四如意足、五根、五力、七觉支、八正道。

10.3　塔的构造

1. 楼阁式塔

楼阁式塔是数量最多、最普遍的塔，有木结构、砖石结构。其构造根据多层楼阁的结构造形设计。以木结构为例，有台基、柱、梁、枋、斗拱、檩、檐、门、窗等。各层的开间依次适当减小，外形内收，立面是一种下大上小的形式。结构上有内柱和外柱两排柱子，内柱由底层至顶层，和梁一起形成结构核心。外柱逐层向内收合，使得整个塔体形成一套稳定的结构。在内外两柱间可设楼梯供登顶之用。出檐有宽、有窄，檐角处另挂有风铃。

砖石结构的楼阁式塔，外形都是仿木结构，有柱、梁、斗拱、屋檐、门窗等。砖石楼阁式塔内部千变万化，很少类同，可分空筒塔、实心塔、塔心柱塔、筒中筒塔，见图10.1。

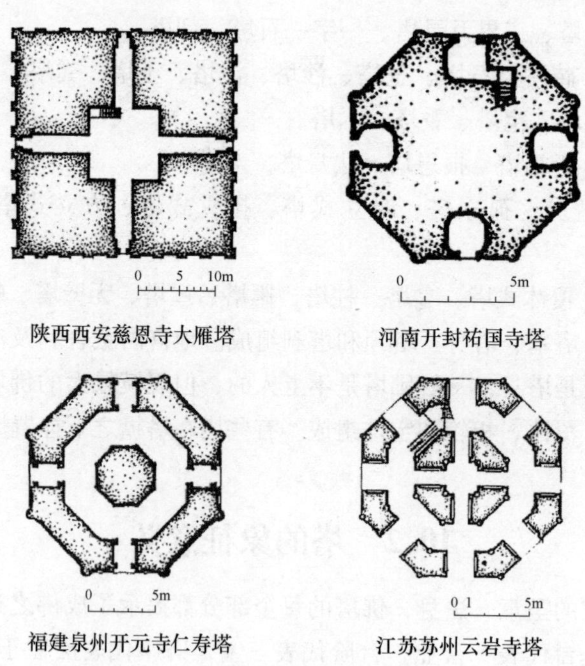

图10.1　砖石楼阁式塔平面示意图

空筒塔如西安大雁塔，实心塔如开封祐国寺塔，塔心柱塔如泉州仁寿塔，筒中筒塔如苏州云岩寺塔。

2. 密檐式塔

密檐式塔是砖石结构，底层特别高，二层以上层层密檐，塔顶有塔刹，现存最完美的密檐式塔是登封嵩岳塔，西安大雁塔、大理三塔也是著名的密檐式塔。

3. 单层塔

一般为方形，也有圆形、多角形，砖石结构，四面开门或设龛，塔身多为仿木结构，顶部为半球形，上覆焦叶或宝珠，形体较小，结构简单，多作为高僧的墓塔。

现代采用新技术、新材料建造的佛塔，比较著名的有南京大报恩寺轻钢结构玻璃塔(2014 年建成)，由轻钢结构和玻璃构成。南京大报恩寺是继洛阳白马寺之后中国的第二座寺庙，也是中国南方建立的第一座佛寺。规模较小的混凝土框架结构塔是四川遂宁大兴宁寺大悲阁，塔高 26m，三层，2018 年建成。

第11章　彩　　画

彩画是中式建筑的重要特征之一，油漆原本是木结构为了防腐防蛀。而彩画是在油漆上面起美化装饰作用，在混凝土结构上做彩画主要是装饰作用。

彩画在宋代已有一定的形制，至清代已经十分成熟，形成了规范化、程式化。现就清代彩画进行介绍，供设计者参考。

清式彩画主要有和玺彩画、旋子彩画、苏式彩画。

11.1　和玺彩画

和玺彩画是彩画中的最高等级，用在宫殿的主要建筑上。彩画布局在梁枋上分三段：中间占梁枋的1/3部分为“枋心”，左右两端1/6为“箍头”，箍头向内1/6为“藻头”。箍头两端以竖线分隔、藻头两端以锯齿形线条与枋心和箍头相隔，和玺彩画的特征在这三个部分里都有龙纹：枋心用行龙，箍头用坐龙，藻头用升龙。

11.2　旋子彩画

旋子彩画等级仅次于和玺彩画，多用于寺庙的主殿、廊屋。藻头绘以旋子花纹、枋心内画一龙一凤的称龙凤枋心；枋心内画锦纹和花卉的称花锦枋心；枋心只画一墨道的称一字枋心；枋心只画青绿叠翠而没有花纹的称空枋心等。

11.3　苏式彩画

苏式彩画是一种源于苏州园林的彩画，按等级规格可分为金琢墨苏画、金线苏画、墨线苏画。苏式箍头画回纹或彩条直线，藻头画卡子花，枋心檩垫板、檐枋合为一体画山水、人物、花鸟，称“包袱”。

另外，彩画还有椽头、椽子、翼角、斗拱、天花、梁柱彩画。

椽子彩画多为蓝、绿色，重要建筑有满做彩画的。椽头彩画多以绿色为底色，绘金、黄、黑图案，圆椽头绘龙眼、宝珠、圆寿字、圆四瓣花、圆牡丹花。方椽头绘方寿字、方福字、万字、十字锦、莲瓣、菱花、如意四合、四福齐至等。

翼角仔角梁下皮绘肚弦，肚弦道数为5、7、9、11等单数，蓝色退晕，喻意镇灾防火。

斗拱彩画是在斗拱的斗、拱、昂、翘构件上绘彩画，可分为线、地、花三部分，在构件的边角线上勾金、银、蓝、绿、青等不同颜色的线条。线条内填黄、绿、丹为地色，在地色上绘龙、云、花草等，垫板可刷红漆或绘彩画。

天花彩画古法绘制采用现场绘制，现在可采用丝网印刷的方法绘制在三层板上，然后现场固定在天花骨架上，最后补色即可。底色为蓝色、绿色，十字交点绘燕尾如意头，四岔角绘云头、卷草，圆光内绘龙、凤、鹤、寿、飞天、花草等。

天花彩画各部位的名称见图 11.1。

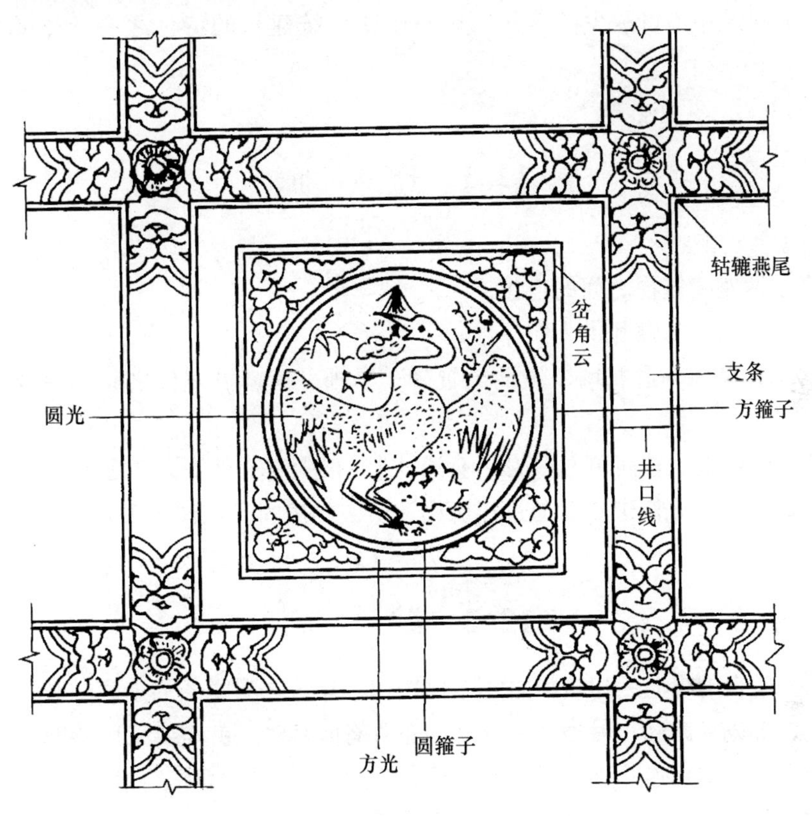

图 11.1　天花彩画各部位的名称

第 12 章　廊

廊是寺庙建筑中不可缺少的建筑，也是中式传统建筑的特色之一。廊可分为连廊和游廊。

12.1　连　　廊

连廊的主要功能：

（1）用于两座建筑物之间的连接；

（2）遮风挡雨、防晒和供人们休息；

（3）有一种连廊一边有墙，墙面放置碑、书画、橱窗供宣传之用，内容多为宗教信仰等。

连廊的平面形式比较简单，多为“直通式”，很少有其他形式。还有一种廊位于“三合院”大门两旁，供人们进院后通过连廊到达所去的房间，这种连廊亦称“门廊”。

12.2　游　　廊

占地面积较大的寺庙，建筑物之间距离较远，建筑之间联系的连廊较长，其平面形式就有所变化，形成了游廊。另外，在寺庙内布置有园林时，就需要采用游廊。

游廊的平面形式比连廊更为丰富、多样，常用的形式有直廊、曲廊、回廊、复廊、桥廊、双层廊、弧形廊、半廊、爬山廊、迭落廊等。

游廊的功能和连廊基本相同，但增加了观景、休憩和美化环境的功能。

游廊在平面和造型上比其他建筑有更大的自由度，它可长可短，可直可曲，在起伏的地形上灵活多变，“随形而弯，依势而曲。或蟠山腰，或弯水际。通花度壑，蜿蜒无尽”（《园冶》）。

游廊总平面布局的特点有二：①总平面布局是由点、线、面组成的。其“点”就是游廊两端的建筑物或亭、榭，游廊是“线”，通过游廊的串连而形成面，最终形成整个总平。②游廊是一种“虚”的建筑元素，而建筑又是“实”的元素，整体布局形成“虚”“实”对比的效果，使得总平生动，活泼有灵气。

游廊主要有如下几种：

（1）直廊：平面没有变化的廊叫“直廊”，直廊如果长度较长就形成了“长廊”。例如，颐和园长廊长达 728m，有 273 间，548 根柱子。

（2）曲廊（图 12.1）：廊的平面呈 90°、120°、135°的转角。

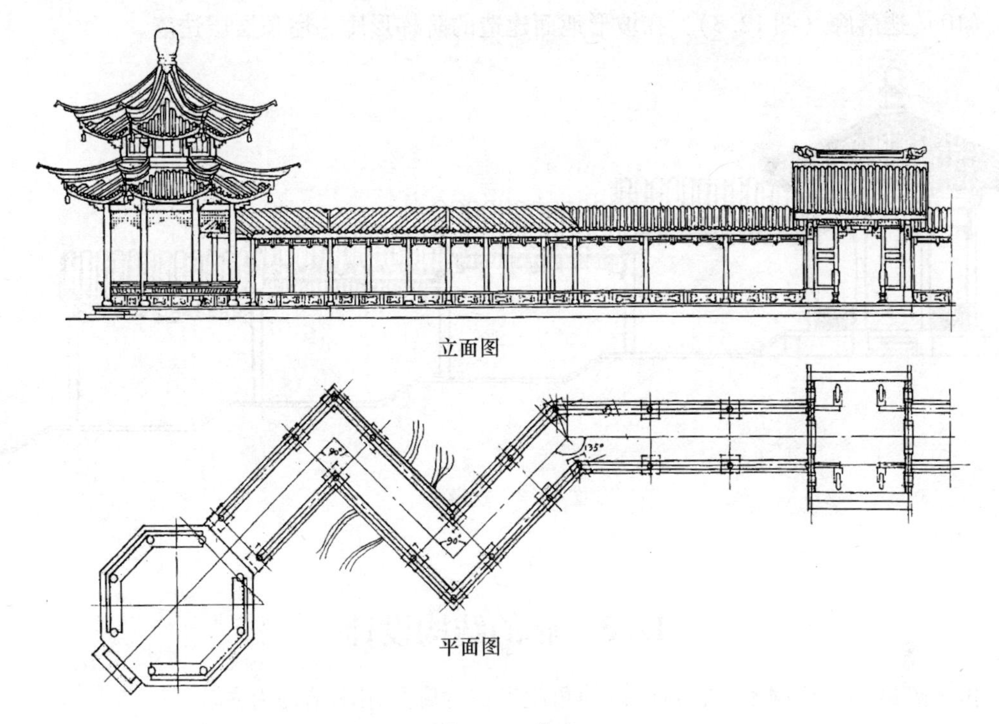

图 12.1 曲廊

（3）回廊：廊的平面呈“回”字形布置。

（4）复廊：在廊的中间有墙分隔，墙可以是实墙，也可以是漏花墙，把廊分成两部分。

（5）桥廊：廊跨越水面，跨越水面部分可以是平桥，也可以是“拱桥”或“八字形”。

（6）双层廊：廊有两层，分别连接廊两端的两层建筑。

（7）弧形廊：廊的平面呈弧形或扇面状。

（8）半廊：屋顶呈“一面坡”，一面是实墙，另一面是开敞式。

（9）爬山廊（图 12.2）：在坡形地面建造的廊，屋顶依地形而倾斜。

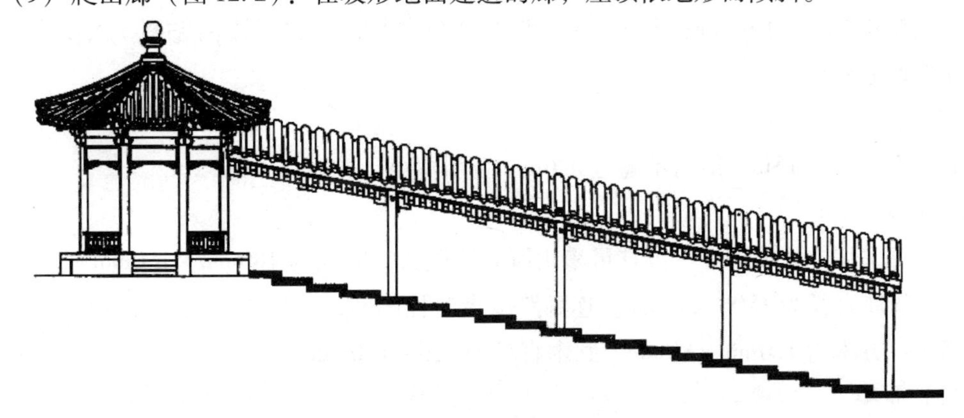

图 12.2 爬山廊

（10）迭落廊（图 12.3）：在坡形地面建造的阶梯形廊，屋顶层层迭落。

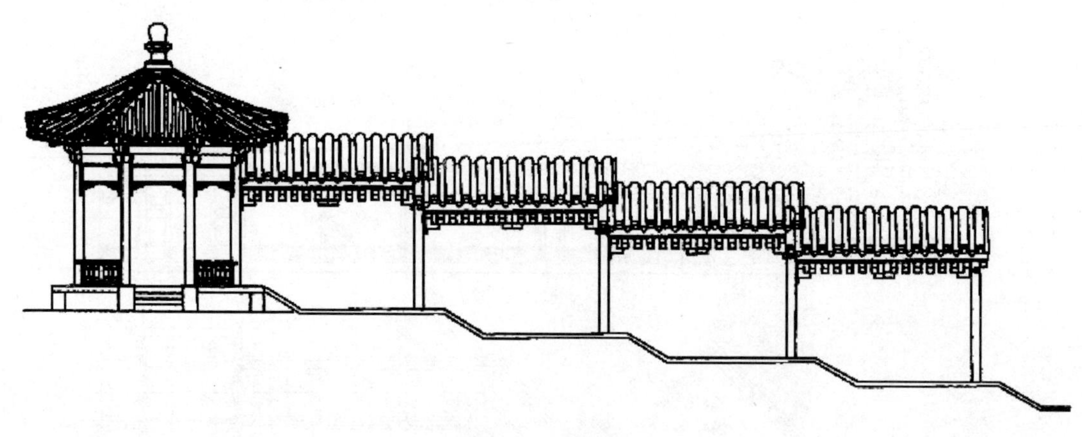

图 12.3　迭落廊

12.3　廊的结构设计

由于跨度小、荷载不大，从经济的角度考虑，廊采用木结构为主。

1. 廊的平立面尺寸

（1）廊宽（进深）

①连廊：不小于 1.5m，连廊供人们通行，最宽可达 3.6m。

②游廊：最小 1.2m，最宽不超过 2.7m，如颐和园长廊宽不过才 2.5m。游廊不宜过宽，其交通作用是次要的，主要功能还是观景、休闲，过宽有“失度”的感觉。

（2）开间（面阔）

最小为 1.8m，一般为 2.4～3m，不宜超过 3.3m。

（3）檐高

一般在 2.70m 左右，最小不得低于 2.20m，最高不宜超过 3.3m。

（4）檐宽

一般在 0.6m，南方可适当宽一些，北方可窄一些，太宽则比例失调，太窄则防雨、遮阳功能不能满足。

（5）台明

高度不小于 0.15m，最高不超过 0.6m。台明宽小于檐宽 0.1～0.2m。

2. 架构

柱子可采用方柱或圆柱，方柱可采用海棠纹做法，断面为 180mm×180mm～240mm×240mm，圆柱直径为 180～240mm。连廊跨度大时柱的断面要适当放大，柱顶往下 150mm 应设檐枋：方木为 120mm×80mm，圆木直径为 100～120mm。

（1）屋架

屋架有两种——卷棚式和尖山式（图 12.4），具体做法参照架构图设计。

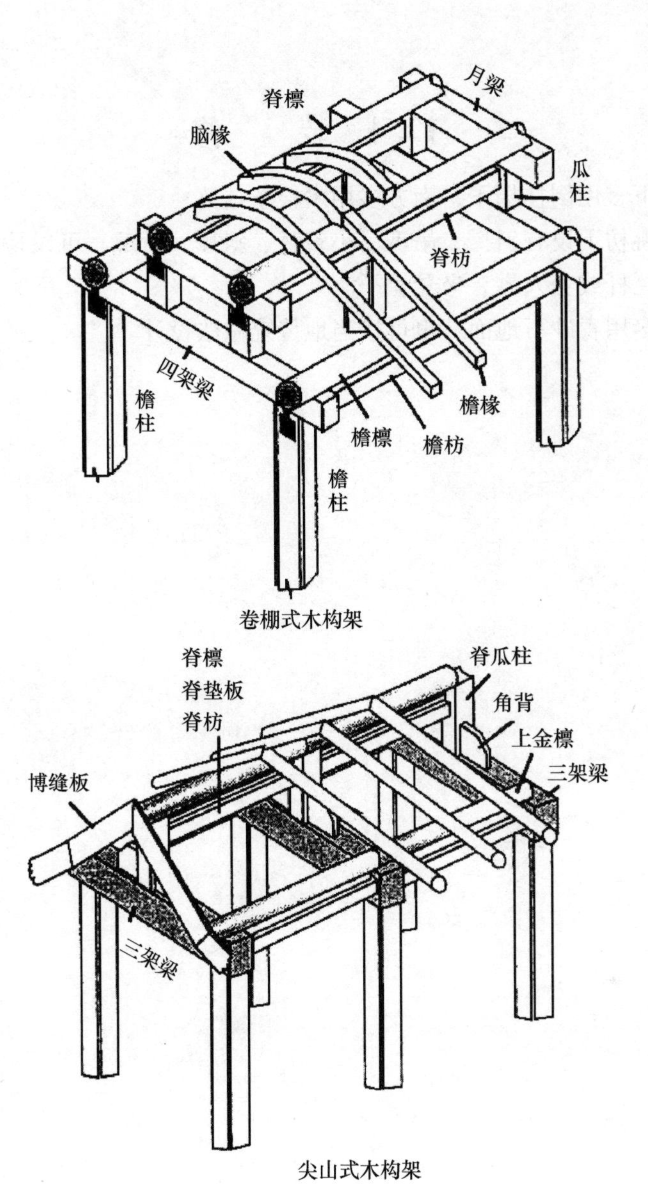

图 12.4　木构架

（2）柱顶石（磉磴）

柱顶石多用石材，断面有方形、鼓形、多边形，可以是光面，也可以雕花。

3. 屋顶

跨度较大的连廊可根据当地（南方、北方）传统设计。

游廊屋顶的做法（由下而上）：椽子、桷子→望瓦（望砖）→小青瓦（筒瓦）。

望瓦制作：俗称“白节瓦”，就是将瓦的一头浸入石灰水中 3cm 左右，取出晾干使用，使屋顶内部美观大方。

檐口应有瓦当、滴子，有的檐口还有吊檐，木吊檐宽 150 ~ 200mm，厚 15 ~ 20mm。

檩条：一般采用圆木檩，直径为 100 ~ 140mm。

12.4 装　　修

北方在檐枋下多用倒挂楣子，南方多用木棂条挂落。
南方在檐口挑枋下设有斜撑、吊瓜、小雀替、斜撑、吊瓜，可以是光面，亦可雕花。
檐柱间可设栏杆或美人靠、坐凳楣子。
铺地：现代多用青砂石地面，也可按当地传统做法设计。

附　录

中式寺庙（新建）

鹤鸣山道观道源圣城——灵祖殿

鹤鸣山道观道源圣城——山门

鹤鸣山道观道源圣城——文昌殿

鹤鸣山道观道源圣城——鹤翔道源

峨眉山大佛禅院——文殊殿

峨眉山大佛禅院——鼓楼

峨眉山大佛禅院——弥勒殿

峨眉山大佛禅院——观音殿

牛首山佛顶寺——山门

牛首山佛顶寺——牌坊

牛首山佛顶寺——大雄宝殿

牛首山佛顶寺——内院

▲ 法鼓山农禅寺外立面

◀ 外墙采用镂空经文装饰

▼ 外墙镂空经文在室内的光影效果

水月禅寺——山门

水月禅寺——三门殿前力士像

水月禅寺——主入口前观音像

水月禅寺——外立面(水面上的禅寺)

南京牛首山佛顶宫

佛顶宫外立面，象征佛顶的发髻

佛顶宫——佛顶舍利

佛顶宫——卧佛

▲ 板门局部

大门铜铁饰件图

大门铺首 ▶

▲ 隔扇

▼ 菱花隔扇

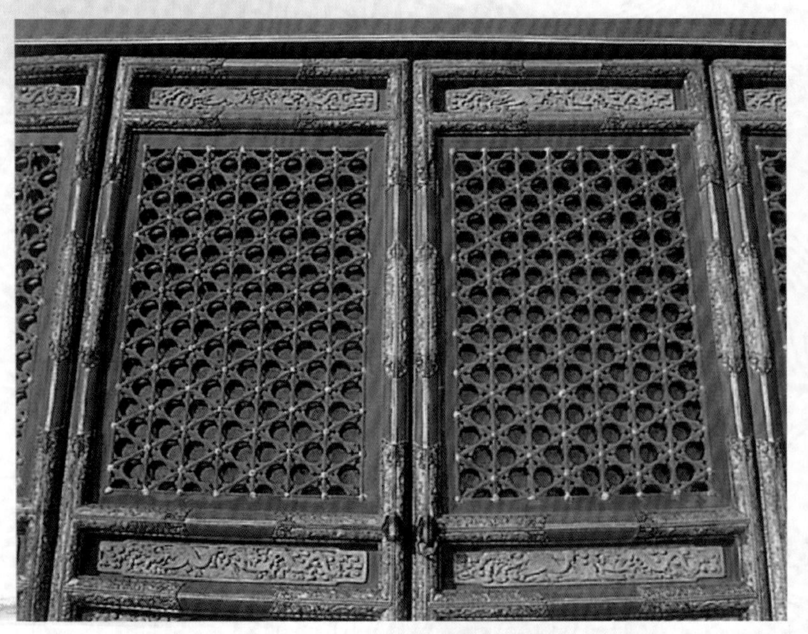

隔扇裙板 ▼

▲ 裙板

◀ 隔扇

长窗

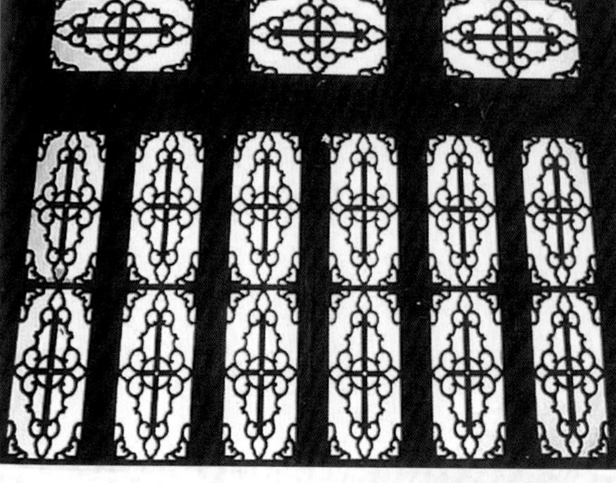

纹样

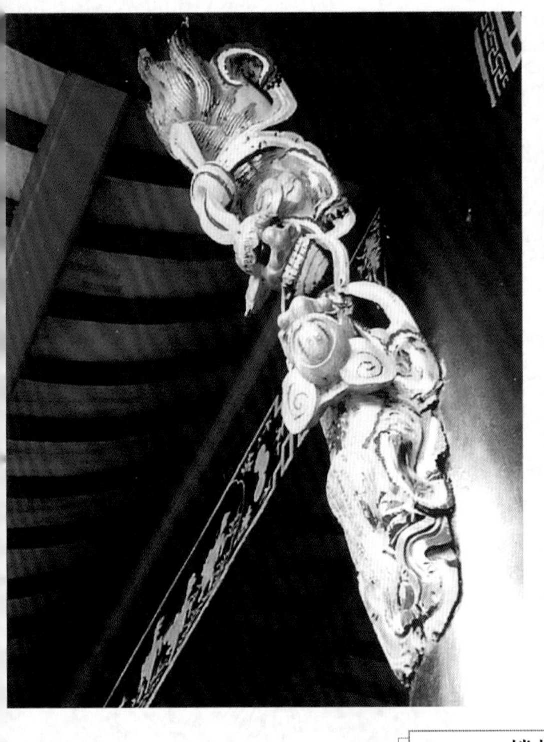

撑拱

雀替

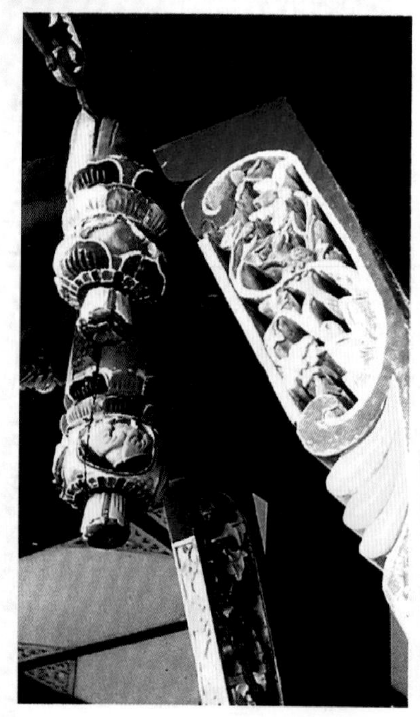

寺庙垂花柱及撑拱

撑拱

藻井

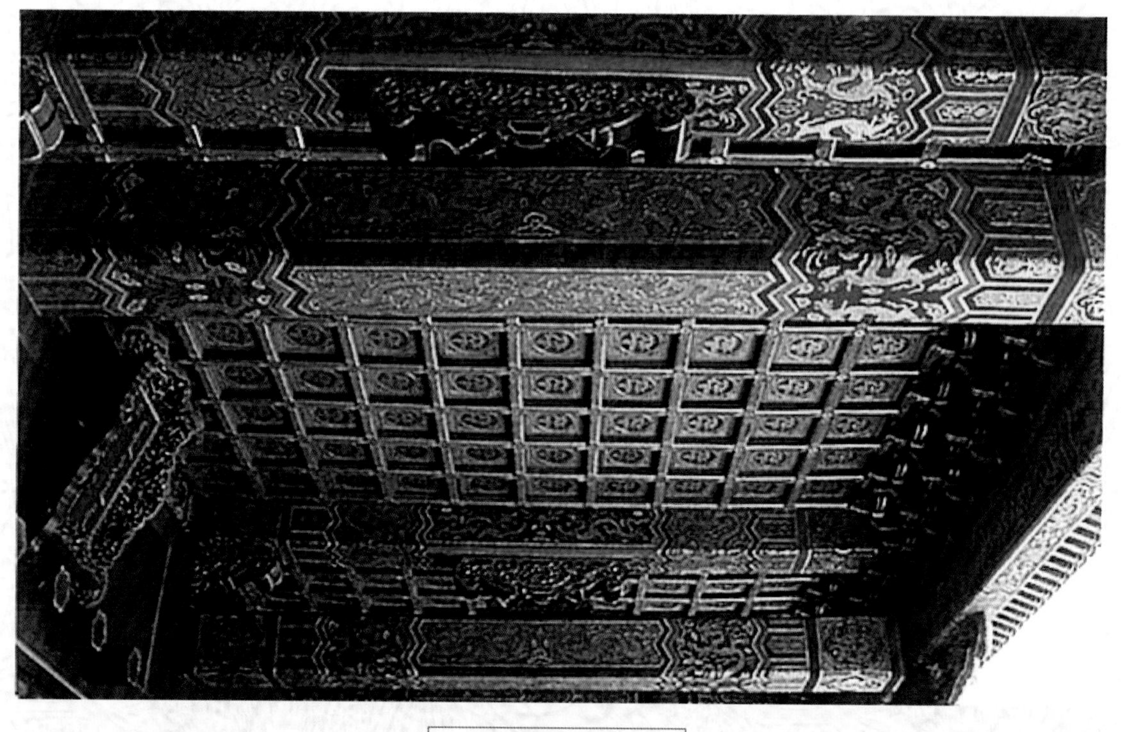

井口天花

海墁天花

登封嵩岳塔

西安大雁塔

大理三塔

上海龙华塔

山东辟支塔

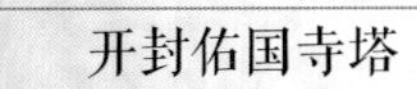

开封佑国寺塔

南京大报恩寺塔

山西应县释迦塔

上海兴圣教寺塔

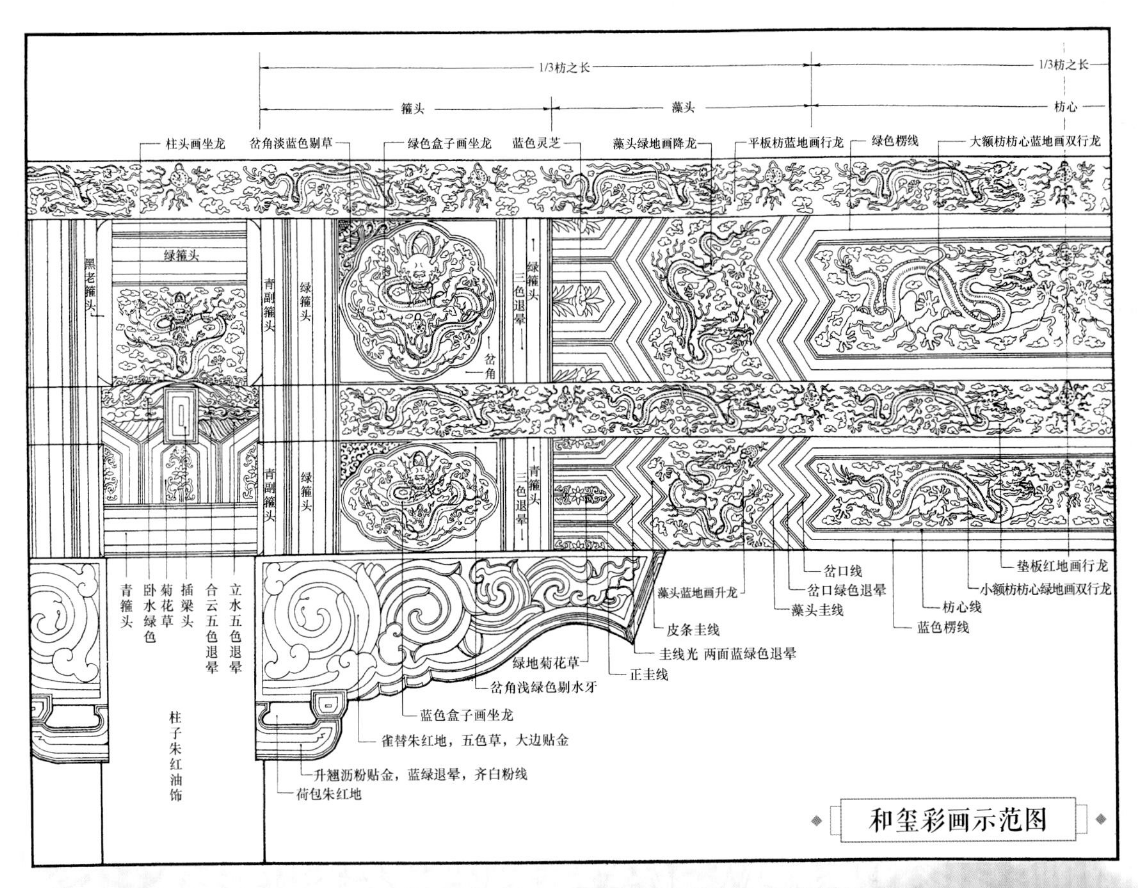

和玺彩画示范图

清式和玺彩画样式

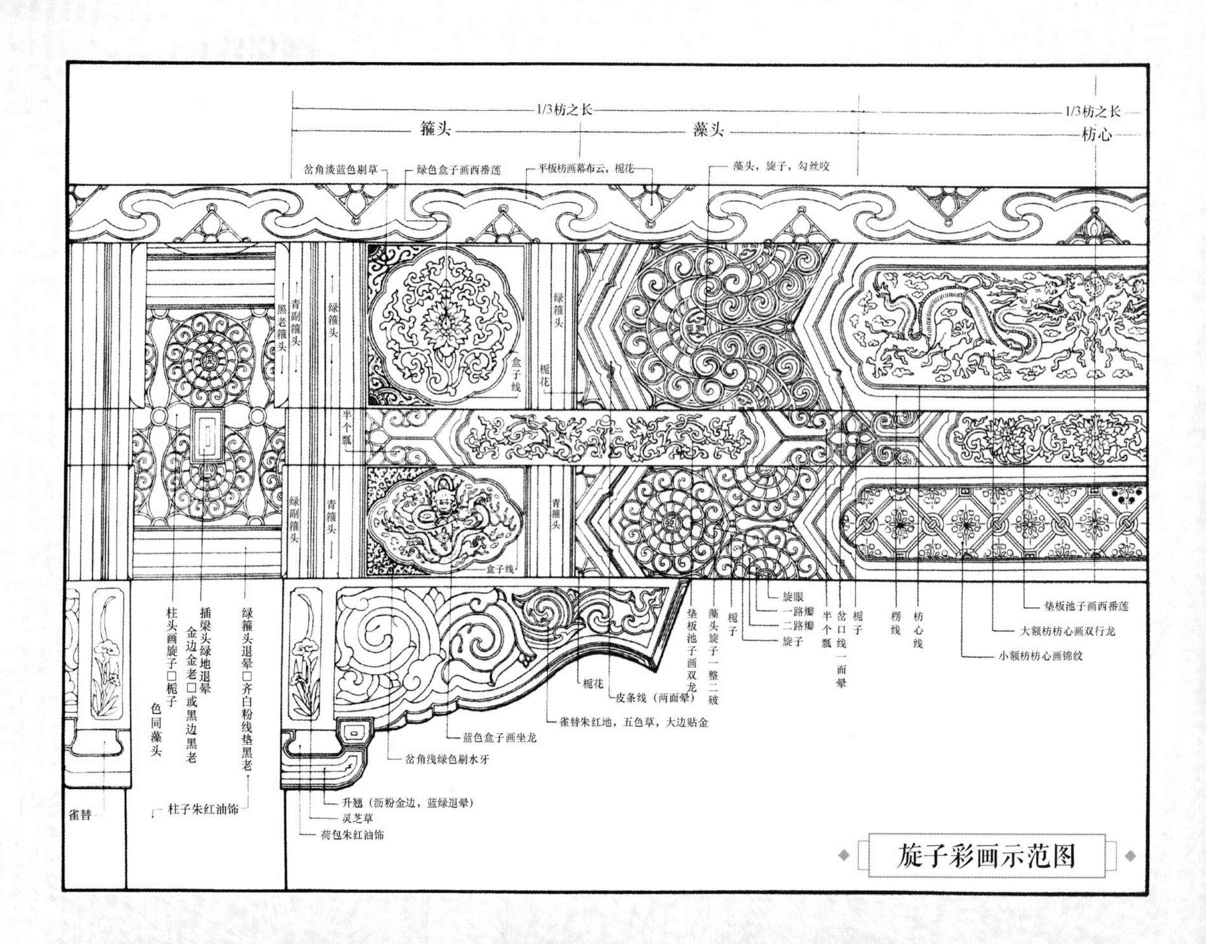

旋子彩画示范图

清式旋子彩画样式

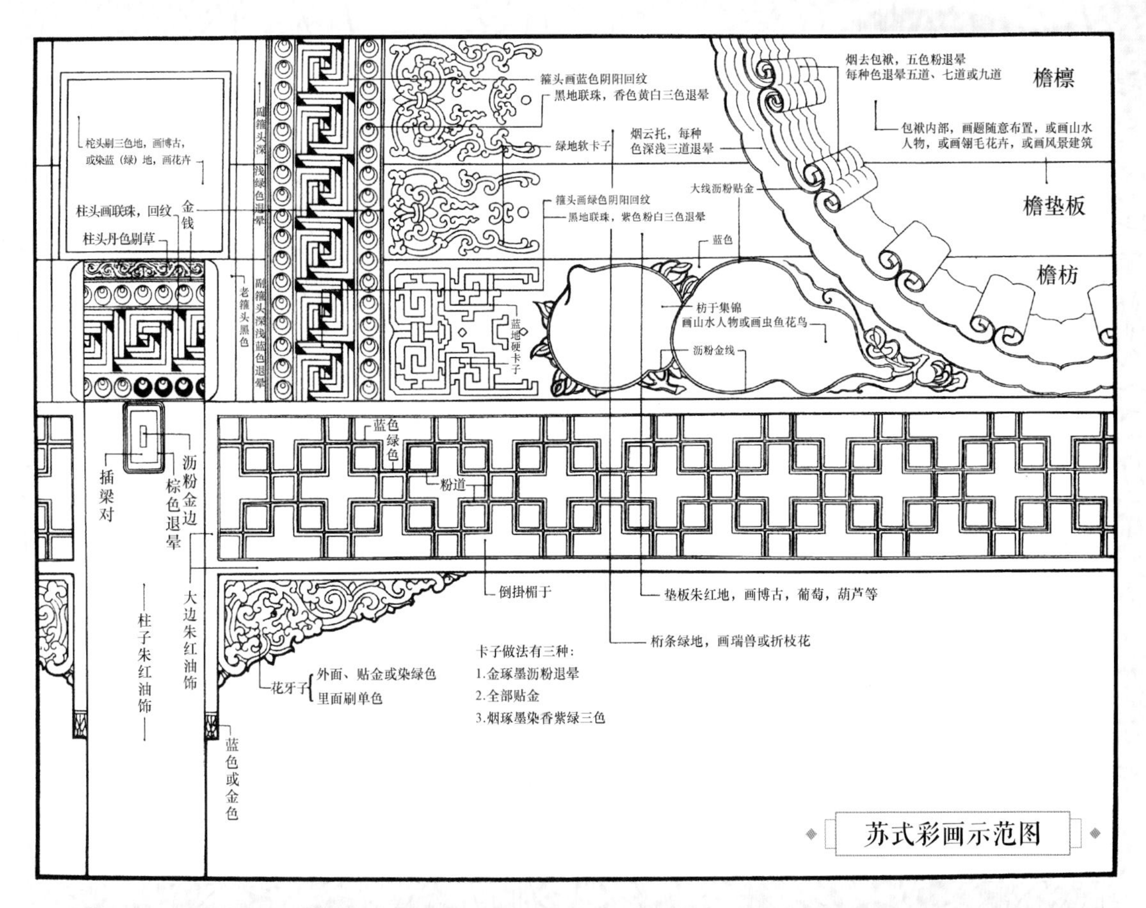

苏式彩画示范图

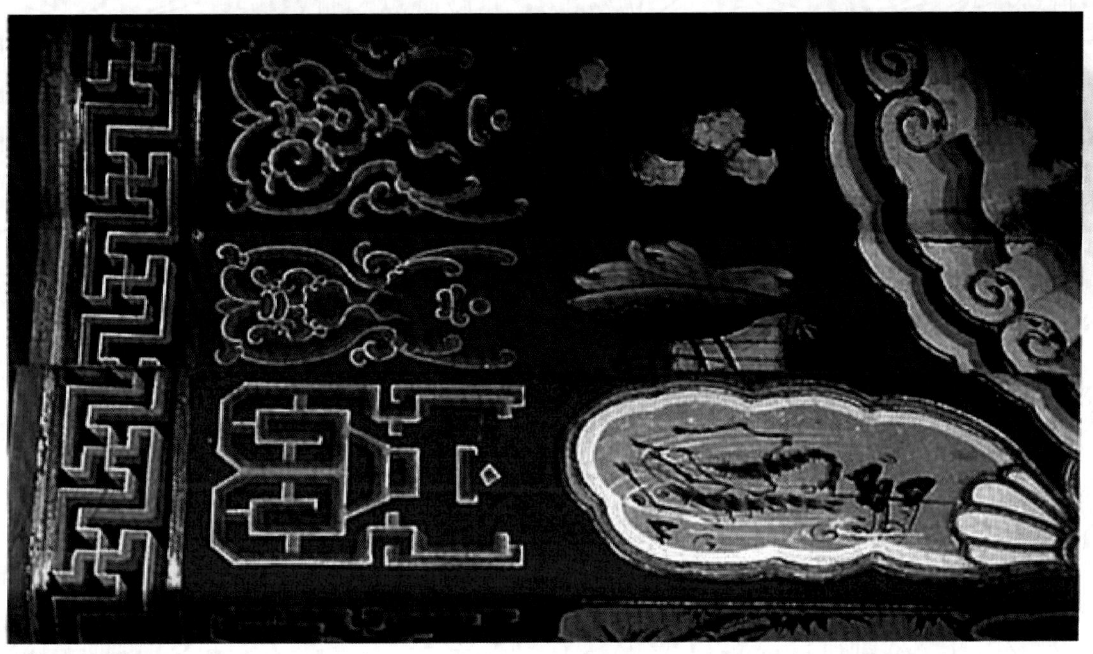

苏式彩画示范图

椽头彩绘

过梁彩绘

海棠纹柱

望栅彩绘

▲颐和园长廊立面

◀转角廊

▼彩绘（包栿）

寒山寺连廊（碑廊）

大佛禅院连廊

佛顶寺迭落廊

正吻

正吻

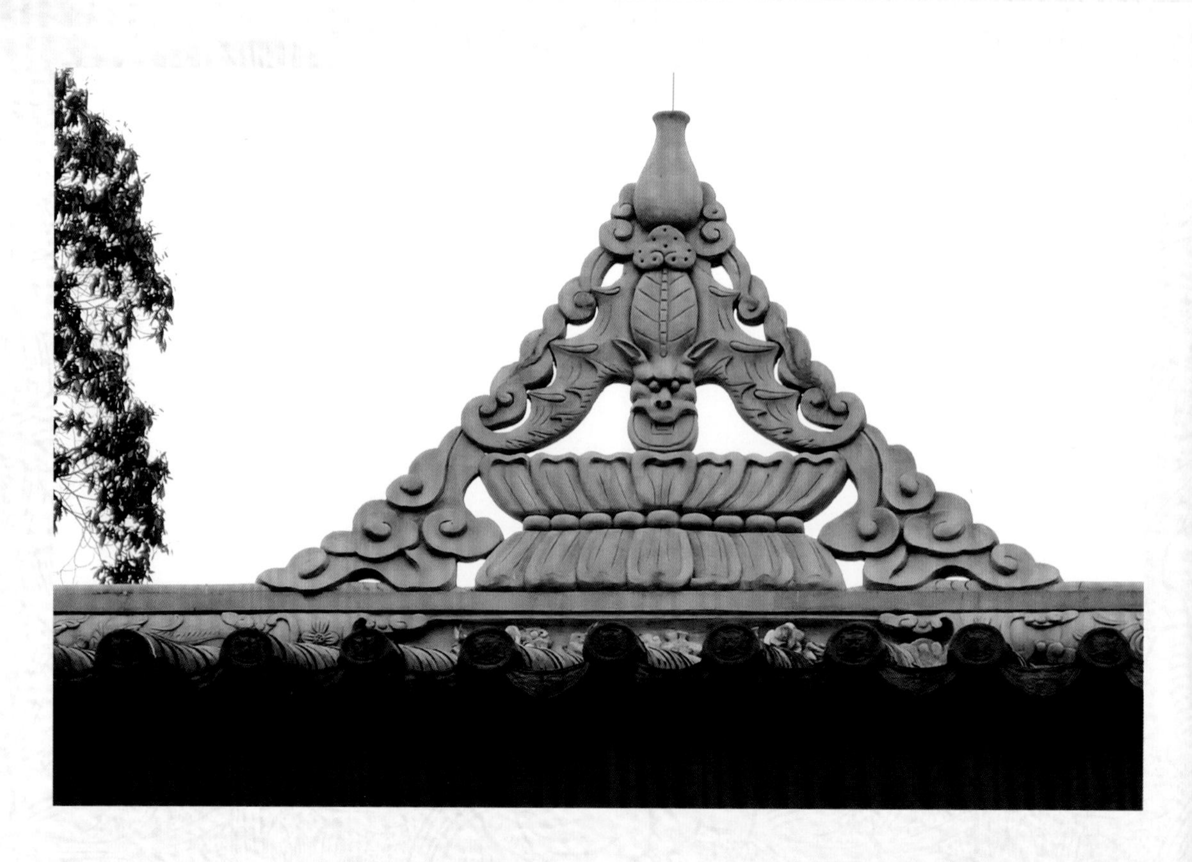

翼角

参考文献

［1］梁思成．中国建筑艺术图集［M］．天津：百花文艺出版社，1999.
［2］薛林平．中国佛教建筑之旅［M］．北京：中国建筑工业出版社，2007.
［3］薛林平．中国道教建筑之旅［M］．北京：中国建筑工业出版社，2007.
［4］王庭熙，周淑秀．新编园林建筑图选［M］．南京：江苏科学技术出版社，2000.
［5］孙大章，喻维国．宗教建筑［M］．北京：中国建筑工业出版社，2004.
［6］谢玉明．中国传统建筑细部设计［M］．北京：中国建筑工业出版社，2001.
［7］陈保胜．建筑构造资料集［M］．北京：中国建筑工业出版社，1994.
［8］冯建逵，杨令仪．中国建筑设计参考资料图说［M］．天津：天津大学出版社，2002.
［9］楼庆西．中国传统建筑装饰［M］．北京：中国建筑工业出版社，1999.
［10］王宜峨．玉宇琼楼——道教宫观的规制与信仰内涵［M］．北京：五洲传播出版社，2013.
［11］田永复．中国园林建筑构造设计［M］．2 版．北京：中国建筑工业出版社，2008.
［12］林汝俭，李恩山，刘管平．园林建筑设计［M］．北京：中国建筑工业出版社，1986.

后　　记

《中式寺庙建筑设计》已脱稿，写完之后我有一种意犹未尽的感觉，觉得书中尚有不少不足之处需要补正，又想等第一版出版后，收到读者的反馈意见，再版时一并修改，可能更好一些。

1. 关于书名

本书第一稿时，书名暂定为“中式宗教建筑设计”，后经反复推敲，我感觉“宗教”一词涵盖范围太广，不太妥当，决定将“宗教”一词改为“寺庙”，所以定稿后的书名为“中式寺庙建筑设计”。

书名中“中式”和“寺庙”是两个关键词。

2. 关于“寺庙”

“寺”是佛教建筑较为普遍的称呼，供奉的是佛。最早的寺是中国古代朝廷接待安置外宾的官署，汉代永平十年，大月氏的两位高僧被请回并安置在“鸿胪寺”。第二年（永平十一年），汉明帝敕建“白马寺”作为佛教的道场。沿袭下来，人们就把佛教的道场称为“寺”。

“庙”是道教建筑较为普遍的称呼，供奉的是神。“神”是人的偶像化。“庙”的历史比“寺”更为久远。当然道教的道场也有称观、宫、院、洞、府的，但称“庙”的为多数。

民俗中对“寺”和“庙”的区分不甚严格，比如通常说“到庙里去烧香”，但实际上是“到寺里去烧香”。

寺和庙是有区别的。

“寺”是官办的，“庙”是民间的。

“寺”是宫殿建筑，“庙”是府衙建筑。

“寺”是使人开悟的地方，“庙”是人们祈福的地方。

上述说法不一定准确，却是在做寺庙建筑设计时需要考虑的因素。

老一辈的古建工作者在研究中国古建筑时往往以寺庙建筑作为研究对象。梁思成夫妇在 1937 年 6 月为寻找唐代古建筑，在山西发现五台山“大佛光寺”（该寺被称为“中国第一国宝”）。五台山共有四座唐代寺庙，分别为“南禅寺”“芮城广仁王庙”“大佛光寺”“平顺天台庵”。其中，“芮城广仁王庙”为道教建筑，其余均为佛教建筑。

刘敦桢先生在写《中国古建筑史》所举例的“中国建筑单体平面”共二十例，有十八例就是寺庙建筑。由此可见，寺庙建筑在中国建筑史上占有重要地位。

3. 关于“中式”

中式寺庙建筑的特征，要在总平面、单体建筑上予以体现。

总平面：总平面讲究有明确的中轴线，对称布局，在场地许可的情况下适当地布置一些园林，如南京牛首山佛顶寺便布置了“枯山水”的园林。

单体建筑：本来“木架构”是中式建筑的特征之一，但由于现代基本上都采用混凝土框架结构，有的还采用了钢结构，所以“木架构”这个特征随着时代的进步而被淘汰，也是正常的。

一些结构构件如斗拱、斜撑、吊瓜、雀替，也因为结构的改变，而演变成装饰构件。

在这种情况下，中式寺庙建筑的特征就是坡屋面（大屋顶）、石台基、檐装修。

坡屋面：瓦件、正脊、斜脊、脊兽、（灰塑）是不可缺少的构件。

檐装修：有内檐装修和外檐装修，书中已有介绍。

上述这些不是将中式元素进行简单的堆砌，设计时要遵循一定的规制，通过设计，将这些元素优化组合，立面设计还是要讲究比例、尺度、协调的。将新材料、新技术和传统的中式元素合理地组合，才能达到“中式”的效果。

4. 关于寺庙建筑的时代特征

寺庙建筑在恢复重建时，往往要根据其建筑对年代有所要求。

佛教和道教建筑，基本上都起源于汉代，在汉代以前是没有寺庙的，只有源于原始宗教鬼神崇拜的一些“坛”“庙”。其形制已不可考，所以寺庙建筑的年代只能从汉代开始。

古建工作者梁思成、刘敦桢、林徽因都讲述过古建筑年代的划分。

如梁思成在《中国建筑史》中将古建筑进行七个分期：上古原始时期；两汉时期；魏、晋、南北朝时期；隋、唐时期；五代、宋、辽、金时期；元、明、清时期；民国时期。

刘敦桢、林徽因的分期也大同小异。

而现在中式寺庙建筑设计的年代就不用划分得那么细，只需做一个大概的划分。

现实中人们所接触的寺庙建筑的年代划分大致是汉代、唐宋、明清。所以书中介绍的三个实例刚好是汉、唐、明清。这三例基本都是原址恢复重建。

现在有一种潮流，人们说到古建筑，喜欢用“仿古”一词。其实“仿古”只是一个概念，准确来讲应是汉代风格、唐代风格、清代风格，这样表述较为妥当。

寺庙建筑的设计是一个“冷门”，很少有人关注。希望本书的出版能引起爱好寺庙建筑设计的同仁关注，并对本书提出批评、建议。

本书部分图片选自书后所列参考文献，在此向有关作者表示感谢。

编者

2019 年 8 月